合肥工业大学图书出版专项基金资助项目
大学生创新创业系列丛书

国际科技组织实习与任职指南

A Guide to Internship and Careers in S&T-Oriented International Organizations

主　编　丁兆罡
副主编　胡孟杰　陈　晓
　　　　张黎黎　韩玉洁

合肥工业大学出版社

图书在版编目(CIP)数据

国际科技组织实习与任职指南/丁兆罡主编．—合肥：合肥工业大学出版社，2024.4

ISBN 978-7-5650-5629-1

Ⅰ.①国… Ⅱ.①丁… Ⅲ.①科学研究组织机构—国际组织—职业选择—高等学校—教材 Ⅳ.①G647.38

中国国家版本馆CIP数据核字(2023)第216561号

国际科技组织实习与任职指南

GUOJI KEJI ZUZHI SHIXI YU RENZHI ZHINAN

丁兆罡 主编　　责任编辑 郭 敬（咨询电话：15251858570）

出 版	合肥工业大学出版社	版 次	2024年4月第1版
地 址	合肥市屯溪路193号	印 次	2024年4月第1次印刷
邮 编	230009	开 本	710毫米×1010毫米 1/16
电 话	理工图书出版中心：0551-62903004 营销与储运管理中心：0551-62903198	印 张	12.25
		字 数	213千字
网 址	press.hfut.edu.cn	印 刷	安徽联众印刷有限公司
E-mail	hfutpress@163.com	发 行	全国新华书店

ISBN 978-7-5650-5629-1　　定价：37.00元

前言 PREFACE

随着全球化进程的不断推进，我国以更加开放的姿态积极参与国际事务和全球治理，在国际舞台上发挥着重要的作用。国际科技组织作为参与全球科技治理、推动实现全球共同价值的重要平台，是联系全球创新资源的重要纽带，在推动科技全球化、维持国际秩序方面发挥着重要作用。在这种大环境下，国家需要大量具有国际视野、通晓国际规则、精通国际谈判、掌握专门科技知识的国际科技组织专业人才，来参与国际科技组织事务并任职履职，深度参与全球科技治理，以此促进国际科技界开放、信任、合作，推动构建人类命运共同体。

目前科技领域的竞争异常激烈，相关国际科技组织对任职人员的要求也越来越高。那么，就个人而言，在国际科技组织中实习、任职的途径有哪些？想在国际科技组织任职并取得成功，需要具备哪些条件？如何提高自身的全球胜任力？这些都是想要在国际科技组织实习与任职的人员无法绕开的必须加以思考的问题。本书对国际科技组织实习与任职进行了全面的总结与分析，试图探索并回答以上三个核心问题。

本书旨在为广大科技工作者和在校大学生提供系统、全面、实用的国际科技组织实习与任职指南，帮助他们更好地了解国际科技组织的工作内容和要求，提高自身的综合素质和竞争力。同时，本书也可作为高等院校相关专业师生的教学参考用书，为培养具有国际视野和创新能力的高素质人才提供有力支持。

编　者

2023 年 7 月

目录
CONTENTS

INTERNATIONAL ORGANIZATIONS

第一章 国际组织概况

国际组织是由各国政府、团体或个人组成，为了实现共同目标而进行国际协作的组织机构。它们有的是全球性的（如联合国、世界银行等），有的是区域性的（如欧洲联盟、非洲联盟等）。国际组织的运作方式和目标各不相同。有些组织，如世界卫生组织和红十字国际委员会，专注于提供全球的医疗援助和灾难救援。有些组织，如世界贸易组织和国际货币基金组织，旨在维护国际贸易和经济稳定。而联合国则涵盖了更广泛的议题，包括和平维护、人权保护、环境保护等。

在全球化时代，国际组织扮演着促进国际合作、解决全球性问题、实现人类和平与繁荣的重要角色。

第一节　国际组织的产生与发展

一、国际组织的产生

国际组织的出现最早可追溯到第一次世界大战前的欧洲。随着工业革命的深入发展，欧洲各国在政治、经济、文化等诸多领域出现了根本性变革，各个国家之间的交往不断深入，国家之间的利益冲突日益明显。此时，人们逐渐意识到贫穷问题、经济问题、环境问题、能源问题等需要通过多国协商与合作才能得到最优解。由此，国际合作与国际组织应运而生。

国际组织的雏形是民间团体与政府间的国际会议，如 1648 年召开的威斯特伐利亚和会，开创了国家间通过大规模国际会议解决重大国际问题的先河。

拓展阅读

威斯特伐利亚和会

威斯特伐利亚和会被公认为是欧洲最早的一次国际会议。1648 年，“三十年战争”的参战各国为了结束战争、恢复和平，在威斯特伐利亚召开了会议，讨论结束战争事宜。会议上法国和瑞典巩固了战场上所取得的成果，承认荷兰和瑞士独立；德意志境内新教与旧教（天主教）地位平等，各邦诸侯在其领地内享有内政、外交自主权等。它是用国际会议形式解决国际争端、结束战争的先例，并肯定了国家主权原则，标志着近代国际关系史和近代欧洲外交史的开端，对后世国际关系产生了深远的影响。随着《威斯特伐利亚和约》影响力的发挥，现代国际关系的开端——威斯特伐利亚体系确立，以主权国家为国际行为主体的国际关系体系也逐渐形成。

国际普遍认可的最早的国际组织是 1920 年成立的国际联盟，该组织先后有 63 个国家加入，其宗旨是减少武器数量、平息国际纠纷、提高民众的生活水平以及促进国际合作和国际贸易。国际联盟成立后也曾协助调节某些国际争端或解决某些国际问题，但是由于缺乏执行力和强制力，它未能发挥很大的作用。第二次世界大战爆发后，国际联盟于无形中瓦解，1946 年 4 月正式宣告解散，其功能被当代最大的国际组织——联合国所取代，国际联盟档案也全部移交至联合国。

1945 年 4 月 25 日，来自 50 个国家的代表在美国旧金山召开联合国家会议。同年 6 月 25 日，与会代表通过了《联合国宪章》(后又有波兰补签，因此联合国创始会员国共有 51 个)。6 月 26 日，50 国代表签署了《联合国宪章》。同年 10 月 24 日，中、法、苏、英、美和其他多数签字国递交批准书后，宪章生效，联合国正式成立。1947 年，联合国大会决定，每年 10 月 24 日为联合国日。

联合国是目前最具普遍性、权威性和代表性的政府间国际组织。凡爱好和平、接受《联合国宪章》义务的国家均可成为会员国。截至 2022 年，联合国共有会员国 193 个。联合国除会员国外，还设有观察员（Permanent Observers）制度，邀请国际组织、非政府组织、实体参与联合国事务。会员国在联合国总部所在地设有常驻联合国代表团，观察员国在联合国总部设有常驻观察员代表团。

联合国总部设在美国纽约市，图 1－1 所示的这栋建筑为联合国总部大厦。

图 1－1　联合国总部大厦

二战后，除了联合国，在世界和平的大局势下，随着全球化的不断深入，各类国际组织如雨后春笋般蓬勃发展。它们不但数量众多，而且覆盖广泛，包括政治、经济、社会、文化、体育、卫生、教育、环境、安全、贫穷、人口、妇女儿童等众多与人类生存和发展相关的领域，已成为影响世界局势和人类社会发展的重要力量。在这些国际组织中还有很多是科技类国际组织，它们探索未知领域，追求前沿技术，是人类科技进步的重要推动力之一，发挥着不可替代的作用。

二、国际组织的概念

国际组织是国际合作的重要形式，是现代国际生活的重要组成部分。根据《国际组织年鉴》的定义，国际组织是指由两个以上的国家组成的一种国家联盟或国家联合体，该联盟是由其成员国政府通过符合国际法的协议而成立的，并且具有常设体系或一套机构，其宗旨是依靠成员国间的合作来谋求符合共同利益的目标。这个定义一般指的是政府间国际组织，随着全球化浪潮的发展，国际组织中还出现了各种非政府间组织。

与政府间国际组织不同，非政府间国际组织往往是由私人或民间团体建立的联合体（如红十字国际委员会、绿色和平组织、国际足球联合会等），在民间社会领域发挥着重要的作用。非政府间国际组织具有两个显著特点：成员的非官方性与活动领域的广泛性。非政府间国际组织不是经由政府成立的，其成员主要由非官方人士或团体组成，但不排斥各国政府参加其活动，这是非政府间国际组织不同于政府间国际组织的最大特点。非政府间国际组织的主要活动领域集中于经济、技术、环保、人道、体育、宗教等方面，具有很大的广泛性。一般来说，非政府间国际组织不具有国际法律人格，不享有国际法上的权利。但是在众多非政府间国际组织中，红十字国际委员会的地位非常特殊。该委员会被赋予保护战俘和平民的任务，从而在战争和武装冲突中享有某种国际法上的权利，如访问战俘营、监督救济物资的分配等。由于该委员会在《日内瓦公约》中享有这种保护国地位，它被广泛承认为一种特殊的国际法主体。

根据《国际组织年鉴》统计，20 世纪初世界上共有 200 余个国际组织，到 50 年代发展到 1000 余个，70 年代末增至 8200 余个，1990 年约为 2.7 万个，1998 年为 4.8 万余个，21 世纪初超过 5.8 万个。截至 2022 年，世界上有 7.6 万余个国际组织，包括有主权国家参加的政府间国际组织、民间团体成立的非政府国际组织。它们既有全球性的，也有地区性的、国家集团性的。

虽然各类国际组织的具体目标和职责各不相同，但它们通常拥有以下几个共同特征。

（一）成员自愿加入

国际组织的成员通常都是自愿加入的。加入国际组织的成员必须同意遵守国际组织制定的各项规则和标准，从而实现成员共同的目标。

（二）多边性

多边性主要是指所有的国际组织都是由多个成员组成的，成员是具有投票权的个人、集团或国家，国际组织具有正式机制以便通过多边协商和协议来解决全球性问题。

（三）独立性

国际组织的这一特征具有重要的意义，独立性是指国际组织通常是独立运行的，它们不受任何单个国家或政治实体的控制。

（四）拥有法律地位

拥有法律地位和独立性是相辅相成的，国际组织通常拥有法律地位。它们可以在国际法和国内法中扮演重要的角色。例如，联合国拥有自己的国际法律体系，其条约和协议在国际法上具有法律效力。

（五）具备特殊任务和职能

每一个国际组织都有明确的任务和职能，例如推动可持续发展、保护人权、协调国际贸易、推动全球治理等。这些任务和职能旨在解决全球问题，为人类带来福祉。

（六）独立的财政和管理

国际组织通常拥有自己的财政和管理机构，以确保组织的运营和发展。这些机构通常由成员共同出资，并由一个理事会或执行委员会实施管理。

国际组织在全球治理中扮演着重要的角色。它们可以促进跨国合作和协调，为解决全球问题提供平台和机制，并在全球范围内推动可持续发展和给人类增加福利。随着世界各地的各类问题数量和复杂程度的增加，国际组织的作用和意义将变得越来越重要。

拓展阅读

《国际组织年鉴》简介

《国际组织年鉴》（Yearbook of International Organizations）是由国际协会联盟（Union of International Associations，UIA）出版的关于政府间国际组织和非政府间国际组织的数据库。

国际协会联盟（UIA）是本部设在比利时布鲁塞尔的研究机构和文献中心，1907 年由亨利·拉·芳丹（Henri La Fontaine，1913 年获诺贝尔和平奖）和被称为信息科学创始人的保罗·奥特莱特（Paul Otlet）共同创立，距今已有一百多年的历史。自成年以来，UIA一直是非营利、非政治、独立和非政府性质的组织，也一直是研究、监测和提供有关国际组织、国际协会的信息机构。

《国际组织年鉴》目前以在线数据库为主。数据库信息由来自全球300多个国家和地区的76，000个政府间组织（IGO）和国际非政府组织（INGO）提供，使用者通过同一界面可搜索所有收录的数据库。该数据库拥有独家资源，包含处于“冬眠”状态的6000多个国际组织。通过数据库不仅能直接访问组织网站并获取联系方式，还可以获取国际组织的历史、目标、员工、使用语言、成员、活动、重大事件和出版物等信息。此外，《国际组织年鉴》数据库还以地理视图的方式呈现国际组织网络，并提供大部分组织关键人员的简介等。《国际组织年鉴》是了解国际组织、研究国际组织不可或缺的重要信息来源。

三、国际组织的发展

当今世界，国际组织在影响世界局势、促进人类社会发展中发挥着举足轻重的作用，其活动涉及政治、经济、文化、体育、卫生、教育、环境、安全等各领域。国际组织的产生和发展与国际关系的演变密切相关，是世界政治、经济发展的必然结果。学者们一般将国际组织的发展分为如下四个阶段。

（一）第一阶段——国际组织的萌芽期

19世纪是国际组织发展的萌芽期。这一时期，一些国际性的组织和机构开始出现，例如国际海事组织等。这些组织旨在解决一些特定的跨国问题，例如邮政和海上贸易。1815年，维也纳会议确立了通过会议方式协商解决欧洲重大问题的多边外交机制，这一机制使欧洲的和平局面维持了近百年。同时，维也纳会议之后还诞生了最早的现代国际组织——莱茵河航运中央委员会（1816年成立）。随后，一些国际会议和条约也相继出现，例如1856年的《巴黎宣言》和1864年的《日内瓦公约》等。这些会议和条约为国家与国家之间的合作奠定了基础。

（二）第二阶段——国际组织的崛起期

20世纪前半叶是国际组织的崛起期。这一时期，随着世界大战和经济危机的出现，国际组织在国际社会中的重要作用开始显现。最著名的组织之一是一战结束后于1920年成立的国际联盟。该组织旨在促进国际合作和和平，防止战争的爆发。同时，第二次工业革命之后，国家之间在专业技术领域的协作也进一步加强，仅仅解决政治和经济领域问题的双边或多边会议形式已经不能适应国际关系发展的需要。因此在这一阶段，大批旨在加强专业性、技术性国际协作的国际组织便应运而生，如国际劳工组织、国际金融组织等。这些组织的建立标志着国际组织的崛起，并为解决跨国问题奠定了基础。

（三）第三阶段——国际组织的多样化期

第二次世界大战的硝烟让世人认识到国际合作的重要性，二战结束后国际组织如雨后春笋般大量涌现，其规模和速度远超从前。国际组织独特的作用日益受到国际社会的重视，其已成为调整国家间关系、推动国际关系向前发展的重要形式。据统计，20 世纪初，各类国际组织只有 213 个；到 1956 年，总数就多达 1117 个；1990 年，则惊人地猛增至 26656 个；而到 1998 年年底，国际组织总数已达到 48350 个。由此可见，20 世纪 50 年代以后国际组织呈现数量急剧增加、类型多样化的发展趋势，这一时期是国际组织的多样化发展时期，并且随着国际合作的深入和全球化的加速，国际组织开始呈现更加多元的态势。例如，1993 年欧洲联盟（简称“欧盟”，EU）成立，标志着欧洲联合从经济实体向经济政治实体过渡，同时发展共同外交及安全政策，并加强司法及内政事务上的合作，使得欧洲成为世界上地区一体化发展及组织化程度最高的地区；1995 年世界贸易组织（WTO）成立，该组织旨在促进全球贸易自由化和规范化；同时，联合国环境规划署，联合国教育、科学及文化组织（简称“联合国教科文组织”）等机构也相继成立。这些组织的出现为各领域的国际合作提供了平台，并且为解决全球性问题提供了更多的可能性。

（四）第四阶段——国际组织的挑战期

21 世纪是国际组织面临挑战的时期。这一时期，国际组织面临着诸多挑战和困难。首先，国际组织的权威性和效力被质疑。例如，联合国在一些国际危机和冲突中的作用受到了批评并被质疑。其次，国际组织的内部运作和管理也存在问题。例如，联合国内部的管理和决策机制需要改革和完善。再次，国际组织面临着各种挑战，例如恐怖主义、气候变化等。

尽管国际组织面临着诸多挑战，但它们仍然是国际合作和解决跨国问题的重要平台。我国迄今已加入几乎所有政府间国际组织和众多非政府间组织，并不断深化同联合国和其他国际组织的合作，以实实在在的行动积极参与国际事务与全球治理，赢得了世界人民的认可与尊重。

四、国际组织的作用

国际组织是一种制度化、规则化、稳定化的国际合作机制，是一种高级的国际交往形式。概括来说，国际组织的作用主要体现在以下五个方面。

（一）国际事务的管理者

随着国际交流与合作的进一步加强，各个国家都面临着很多共同的全球性问题，如海洋、外太空、南极大陆及大气等公共性问题，以及能源、粮食、人口、难民等发展性问题。这些问题仅仅靠一个或几个国家是解决不了的。因此，解决以上国际性问题的任务就落在了国际组织身上。从这个角度而言，国际组织在一定意义上承担着国际事务的管理者这一重要角色。

之所以说国际组织是国际事务的管理者，是因为它们能够协调各国之间的行动。一方面，国际组织在处理全球性问题时常常发挥着领导作用，例如联合国在处理气候变化、全球贸易和公共卫生方面发挥着导向作用。而通过制定和执行国际规则和标准，国际组织可以确保各国在处理跨国问题时采取一致的方法，从而促进国际合作和稳定。另一方面，国际组织为解决各种全球性问题提供了平台和机制。国际组织是国际会议和谈判的重要场所，为各国提供了一个公正、透明和包容的环境，让各国代表可以就共同的问题进行对话和协商。例如，世界卫生组织（简称“世卫组织”）是一个旨在加强全球公共卫生合作的国际组织，它在处理全球流行病和健康危机方面发挥着至关重要的作用。

国际组织能够为成员提供支持和帮助，特别是那些经济和政治条件相对较差的国家。国际组织通过提供技术援助、财务支持和培训等，可以帮助这些国家应对各种挑战，从而促进全人类可持续发展和减少贫困人口数量。

国际组织可以促进国际合作和发展。在现代世界中，各国之间的联系日益密切，需要国际组织发挥协调和促进作用，促进成员之间的交流和合作，推动共同发展和繁荣。例如，国际货币基金组织和世界银行等国际金融组织，在推动全球经济增长和减少贫困方面发挥了重要作用。

国际组织还能够帮助解决国际争端和冲突。在全球化和多极化的背景下，国际争端和冲突已成为国际安全和稳定的主要威胁之一。国际组织可以通过调解、仲裁和协商等方式，帮助成员解决争端和冲突，促进和平与稳定。例如，联合国维持和平行动在解决许多国家的冲突中发挥了重要作用，帮助各方达成和平协议并维护地区稳定。

然而，在实际的运行过程中，国际组织的决策和行动往往受到成员的政治意愿和国家利益的影响，因此在一些问题上难以达成一致。例如，气候变化和难民等全球性问题。这些需要国际社会共同应对，但在国际组织内部难免存在分歧和对立。

即便如此，国际组织仍然是当前国际合作和全球治理的重要组成部分，并将在未来国际事务中继续发挥重要作用。

（二）国际议事的组织者

国际组织本质上就是一种议事机构，通过召开国际会议的形式，实现各成员之间对共同关心的国际问题的深入交流和讨论，最后形成决议，并制定政策和行动。同时，国际组织也为双边和多边国家外交提供了沟通和交流的各种条件，成员之间可以利用国际组织开展正式和非正式的交往，这些沟通和交往成为当代各国外交经常采用的手段。因此，从这个角度来看，国际组织是国际议事的组织者，作为重要的国际角色，其在有限的框架内发挥着重要的作用。

国际组织通常拥有专业的工作人员和技术专家，能够组织和主持各种会议、会谈和协商，以解决成员之间的政治、经济、文化和安全等各类问题。例如，联合国、世卫组织和世界贸易组织等国际组织，在全球范围内协调和推动各种议程和行动，为国际社会的发展提供了重要的支持。

毋庸讳言，国际组织的权力和职能受到国际法的限制，无法对成员强制执行政策和决议。一些成员可能会违反国际法和组织规则，导致国际组织的行动受到限制。例如，联合国安全理事会（简称“安理会”）无法对巴以冲突通过强制性决议，因为支持以色列的美国是安理会的常任理事国之一，拥有否决权。

国际组织本身也存在管理和运作效率的问题。一些国际组织的管理结构和程序较为复杂，决策和行动的过程往往缓慢，导致其在组织国际议事活动时无法及时有效地应对紧急情况。

（三）国际规则的制定者

国际组织是国际规则的制定者，这一点在全球治理中起着至关重要的作用。国际组织通过制定和推广国际法律框架、标准、规则和行为准则等，促进国际合作和发展，维护国际和平与安全，推动全球治理。以下是国际组织在国际规则制定方面的一些主要作用。

国际组织是制定国际法律框架的重要机构。联合国国际法律框架包括《联合国宪章》《国际法院规约》及其制定的各类国际公约等。这些法律框架是国际社会认可的法律规范，对国际合作和发展具有重要的指导和约束作用。例如，《联合国宪章》规定了联合国的宗旨和原则、成员的义务和权利等，为国际社会的和平与安全提供了法律保障。

国际组织在制定国际标准和规则方面也发挥着重要作用。国际标准和规则包括国际贸易规则、金融标准、卫生标准等。这些标准和规则有利于促进国际贸易、金融、卫生等领域的合作和发展，提高全球治理水平。例如，国际贸易规则为国际贸易提供了规范和保障，促进了国际经济的繁荣和发展。

国际组织在制定行为准则方面也具有重要作用。行为准则是为了促进各国之间的和平、友好和合作而制定的。例如，国际劳工组织制定的劳工权利标准、联合国儿童基金会制定的儿童权利准则等，为国际社会共同维护人权和社会公正提供了重要的指导。

国际组织在监督和执行国际规则方面也起着至关重要的作用。国际规则如果不能得到监督和执行，其实施效力将大打折扣。国际组织通过监督和执行国际规则，保障国际法的执行和实施，维护国际和平与安全。例如，世界贸易组织的争端解决机制、联合国安理会的维和行动等，这些都有助于维护国际和平与安全，保障国家主权和领土完整，促进国际合作与发展。

除此之外，国际组织还通过其他形式的合作和协调，促进国际规则的制定和实施。例如，国际组织可以通过国际会议、研讨会、磋商等方式，协调各国立场和利益，推进国际规则的制定和实施。同时，国际组织还可以通过向成员提供技术支持、培训、技术转让等方式，提高成员制定和执行国际规则的能力和水平。

虽然国际组织在国际规则的制定方面起着主导作用，但是从另一方面来说它的作用又是有限的，主要是因为国际组织缺乏强制执行国际规则的手段，而且国际规则的制定也受到国家主权和利益的限制。因此，国际组织只能在各国自愿合作的基础上，促进国际规则的制定和实施，而不能替代各国政府的职责和义务。

（四）国际资源的分配者

国际组织除了在国际规则的制定方面发挥着重要作用，还在国际资源的分配方面扮演着重要角色。国际资源的分配包括财政、技术、物质、人力等方面资源的分配，涉及国际发展、环保、卫生、教育等领域。国际组织通过各种方式，如国际援助、技术转移、开发项目等，对国际资源的分配进行协调和调节，以实现资源的公平、合理和有效分配。

国际组织通过国际援助，向各国提供财政、技术等资源。国际援助是一种国际合作的方式，旨在帮助发展中国家克服困难，促进经济和社会发展。国际组织通过向发展中国家提供援助，支持其经济和社会发展，缓解贫困、疾病和环境污染等问题。例如，联合国开发计划署通过向发展中国家提供援助，支持其推进可持续发展、减贫和改善人类福祉的工作。世界银行、国际货币基金组织等国际金融组织也通过向各国提供贷款和援助等方式，支持各国经济发展和社会进步。

国际组织还通过技术转移和技术培训等方式，帮助各国提升其科技和技术水平。国际组织通过支持各国的科学研究、技术创新和知识产权保护等措施，促进技术转移和技术合作，帮助发展中国家提高其科技水平。例如，联合国教科文组织通过支持教育和科学领域的国际合作，帮助各国提高其科学和技术水平，推动人类知识的共享和传承。

国际组织还通过开发项目和组织合作等方式，促进国际资源的合理分配。国际组织通过发起各种项目，帮助各国解决资源分配不均的问题。同时，国际组织还通过促进各国间的合作和协调，避免资源的浪费和重复使用，实现资源的共享和优化利用。

国际组织在国际资源分配方面有诸多优点，但同时也存在一些问题，例如国际资源的分配不均衡：(1) 由于部分国际组织在资源分配过程中所遵循的原则和标准并不完全公正，导致某些国家或地区无法获得公平的资源分配。例如，一些发达国家在国际受援中所占比例过大，而一些贫穷国家则难以获得足够的援助。(2) 在技术转移和项目开发方面，一些发达国家的利益往往占据主导地位，而其他国家则很难在这些领域中获得合理的资源分配。

显然，国际组织在国际资源分配方面的作用是不可忽视的，其在国际援助、技术转移和项目开发等领域发挥着重要作用，这些将有助于促进各国之间的合作和协调，缓解贫困和环境问题，实现资源较公平、合理和有效的分配。但同时也需要加强管理和监督，避免资源的浪费和滥用，确保资源的公正分配。

(五) 全球治理的参与者

和平与发展已经成为当今时代的主题，国际组织更是将维持世界和区域和平作为组织的重要职能，并通过外交和法律的形式规定了相应的解决机制。例如，联合国的维和行动就缓和平息了多起地区武装冲突，这有效地预防了战争的发生或扩大，在通过和平谈判解决地区争端方面功不可没。

经济全球化的深入发展，有力地促进了生产要素在全球的优化配置，使各国的相互联系日趋紧密，人类已经形成一个命运共同体。但是与此同时，全球化也带来了经济增长失衡、恐怖主义蔓延、气候变化加剧、跨国犯罪问题突出和传染性疾病的影响扩大等全球性挑战。2022 年爆发的俄乌军事冲突充分凸显了这一挑战。这些挑战和危机迫切需要各国的共同努力，需要通过完善全球治理体系予以应对。国际组织作为全球治理和多边合作的主要平台，对于全球性问题的解决至关重要。

在新的世纪，各国的相互联系和依存日益加深，各类国际组织如雨后春笋般大量涌现，这深刻影响着全球政治经济的运行和走向，在一些领域国际组织更是发挥着主权国家无法替代的作用。因此可以说，国际组织是全球治理的重要主体，是国际交往的高级形式，是实现成员共同利益的工具。

积极参与全球治理体系改革和建设，中国将继续发挥负责任大国的作用。在通过联合国体系发挥全球影响力的同时，中国不断通过区域性政府间国际组织扩散影响范围。当前，全球治理赤字和治理机制碎片化状况进一步加剧，全球治理体系和国际秩序正在加速变革，国际组织与全球治理中的中国角色必将更加凸显。党的十九大到党的二十大，是实现“两个一百年”奋斗目标的历史交汇期，在中华民族伟大复兴的历史进程中具有特殊的重要意义。面对国际环境深刻且复杂的变化，中国将继续积极参与和引领全球治理体系变革，倡导和平、发展、公平、正义、民主、自由的全人类共同价值，推动构建持久和平、普遍安全、共同繁荣、开放包容、清洁美丽的世界，为实现中华民族的伟大复兴和全人类的共同进步做出新的贡献。

第二节　国际组织的分类

由于国际组织呈现多元化，以及它们在活动宗旨、职能和运作方式等方面存在诸多相互重叠之处，因此我们很难对它们进行严格、精确的划分，但依据不同的标准还是能够将其分为不同的类型。

一、国际组织类别

根据《国际组织年鉴》的统计，目前全球有 7.6 万余个国际组织。鉴于国际组织具有数量众多、形态多样、名目繁多的特点，我们有必要对其加以分类，并归纳其共同特征，以便更为清晰地了解和认识国际组织。下面对众多国际组织进行简单分类。

（一）按成员分类

一般来说，按照其主体构成情况和成员的法律地位，可以将国际组织分为政府间国际组织和非政府间国际组织两大类，这是最主要的分类方法。前者得到成员的支持与授权，其成员代表主权国家政府；后者通常是民间的社会、宗教、经济等组织的国际联合。这种分类方法简单易行，国际组织与国家行为体和国际关系之间的相互作用、相互影响状况清晰明了，因而成为国际关系学界常用的国际组织分类法。

政府间国际组织，指一般只有主权国家才能参加、通过宣言等具有法律约束力的国际公约而成立的国际组织，例如，联合国、欧盟、世界贸易组织、经济合作与发展组织等。联合国是目前最大、最有影响力的政府间国际组织。

非政府间国际组织，指组织的成员不是主权国家，而是由独立机构、民间组织、志愿协会等团体组成的国际组织，占国际组织总数的80%以上。非政府间国际组织汇集了大批的专家、学者，通过制造世界性运动和形成舆论压力来对各国政府施加影响，间接地发挥作用。如红十字国际委员会、国际奥林匹克委员会等。本书所介绍的国际科技组织很多就是这类国际组织。

（二）按地域分类

按照成员的地理范围来考察，国际组织还可分为全球性国际组织和区域性国际组织两种。全球性国际组织是指那些向全世界所有成员开放，不论其地理位置及其他因素如何，都可以依组织原则组合起来，以求合作解决国际社会有关问题的组织；区域性国际组织则是指由某一地区的成员组成，职能范围也常常局限于本组织所在地区的组织。

全球性国际组织的成员来自全世界，致力于解决全球范围内的政治经济和社会生活问题。这类国际组织的名称一般以联合国（United Nations）、世界（World）、全球（Global）、国际（International）的英文单词开头，例如，世界卫生组织（World Health Organization，WHO）、国际劳工组织（International Labour Organization，ILO），联合国儿童基金会（United Nations International Children's Emergency Fund，UNICEF）。

区域性国际组织的成员只分布在特定地区，具有鲜明的地域特色，致力于解决该地区的政治经济问题和社会生活问题。这类国际组织的名称一般指明其所在地域，例如，亚太经济合作组织（Asia-Pacific Economic Cooperation，APEC）、欧洲联盟（European Union，EU）、非洲联盟（African Union，AU）等。

（三）按性质分类

根据性质的不同，国际组织可以分为一般性国际组织和专门性国际组织。一般性国际组织的宗旨、活动领域和职权范围比较广泛，它涉及政治、经济、社会、文化等各个方面，也被称为综合性国际组织，活动内容与国际关系密切相关，如联合国以及欧盟等地区性国家联盟。

专门性国际组织一般只具有专门的职能，以进行经济、社会、科技、文化、体育、卫生等专门技术活动为主，对国际政治的影响和作用相对单一，关注的领域也相对集中，如世界贸易组织（World Trade Organization，WTO）、国际图书馆协会联合会（International Federation of Library Associations and Institutions，IFLA）等。

（四）按组织的约束力划分

根据组织的约束力不同，国际组织还可以分为拘束性国际组织和非拘束性国际组织。前者可对不遵守国际组织决议的成员加以制裁，如联合国和世界贸易组织等；后者则采取自愿性原则，成员若没有遵守达成的共识，国际组织仅能利用舆论促使其回归正轨，最典型的是亚太经济合作组织。

由此可见，国际组织的分类是多样的。应该指出的是，在依据不同标准进行分类时，会出现重叠交叉的现象，因为这些标准本身就不是相互排斥的，而是相互容纳的。同时，国际组织自身也不是一成不变的，它总是处于一种动态发展的过程中。

二、世界主要的国际组织

根据《国际组织年鉴》2022 年的统计，国际上的政府间国际组织有 7800 多个，非政府间国际组织有 60000 多个。国际组织在国际关系中的地位非常重要，其活动涉及的领域广泛。国际组织在促进国际合作、解决全球性问题、推动发展等方面都发挥着举足轻重的作用。

本书根据公开发表的国际组织研究资料进行整理，下面仅列举小部分全球主要的国际政治类合作组织（表 1－1）、国际经济类合作组织（表 1－2）。对于国际科技组织的介绍，详见第八章相关内容。

表 1-1　全球主要的国际政治类合作组织

组织性质		组织名称
全球性		联合国
		各国议会联盟
		国际劳工组织
区域性	欧洲—北美洲	北大西洋公约组织
	欧洲	欧洲联盟
		欧洲安全与合作组织
		欧洲委员会
	美洲	美洲国家组织
		加勒比国家联盟
		南美洲国家联盟
	亚洲	上海合作组织
		东南亚国家联盟
	亚洲—非洲	中国-阿拉伯国家合作论坛
		阿拉伯国家联盟
		中非合作论坛
	非洲	非洲联盟
		萨赫勒-撒哈拉国家共同体

表 1-2　全球主要的国际经济类合作组织

组织性质	组织名称
全球性	世界银行
	国际货币基金组织
	世界贸易组织
	联合国贸易和发展会议
	经济合作与发展组织
	石油输出国组织
	国际能源组织
	国际清算银行

（续表）

组织性质		组织名称
区域性	亚洲	亚洲基础设施投资银行
		博鳌亚洲论坛
		亚洲开发银行
	非洲	南部非洲发展共同体
		西非国家经济共同体
		中部非洲国家经济共同体
		非洲开发银行
	美洲	美洲开发银行
		加勒比开发银行

三、国际组织地理分布

国际组织地理分布指的是各个国际组织在世界各地的分布情况，包括其总部所在地、区域分布、成员分布等方面。国际组织地理分布是研究国际组织的重要内容之一，对于了解国际组织的历史、功能、作用等具有重要意义。

（一）国际组织的总部所在地

随着全球化的发展和国际合作的不断加强，国际组织在全球范围内迅猛发展。成立这些组织的目的是促进国际合作，推动全球经济和社会发展，维护国际和平与安全。尽管国际组织在全球范围内数量不断增加，但它们的总部设置却极其不均衡。大部分国际组织的总部设在欧美等发达国家，尤其是欧洲政治中立国家。

欧美等发达国家在经济、技术、文化等方面处于领先地位，具有较强的国际影响力。因此，国际组织在这些国家设立总部可以更好地利用这些国家的资源和技术优势，提高组织的工作效率和质量。例如，联合国总部设在纽约，可以更好地利用美国在科技、金融等领域的优势，提高联合国的国际影响力和协调能力。

欧洲政治中立国家凭借自身的历史和地理位置，成为国际组织总部首选的驻地。例如，瑞士日内瓦被称为国际组织的“世界之都”，世界卫生组织、联合国难民署、红十字国际委员会等众多国际组织的总部都设于此。因为瑞士是世界永久中立国，200 多年来没有参与任何战争，具有很高的安全性和稳定性，这使得日内瓦等瑞士城市成为国际组织的理想总部所在地。

然而，国际组织总部集中在欧美等发达国家也存在一些问题。首先，这种不平衡分布的现象会导致发展中国家的利益无法得到充分保障。发展中国家面临着许多问题和挑战，例如贫困、饥饿、环境污染等，这些问题的解决需要国际组织的支持和协助。然而，由于大部分国际组织的总部都设在发达国家，这些国际组织更容易受到发达国家的影响，发展中国家的利益无法得到充分保障，这使得国际组织的公正性和代表性受到了质疑。

其次，欧美等发达国家在国际组织中有着较大的话语权，这使得国际组织的决策和政策制定更加倾向于发达国家的利益和意愿，而忽略了发展中国家的需求和利益。这也使得国际组织面临着公信力和合法性的挑战，因为如果国际组织不能代表所有国家的利益，它的存在和作用就会被质疑。

最后，集中在欧美等发达国家的国际组织总部也面临一些实际问题，例如高昂的运营成本等。另外，文化差异和语言障碍等也会导致一些发展中国家难以参与国际组织的决策和活动，限制了它们在国际事务中的发言权和影响力。

为此，国际社会也在努力采取积极措施，推动国际组织的总部分布更加平衡和公正。

（二）国际组织的区域分布

国际组织的区域分布是指国际组织在世界不同地区的分布情况。国际组织在不同地区的分布不仅反映了各地区在国际事务中的地位和影响力，也反映了国际组织在各地区推进全球事务和合作的能力与贡献。下面简单介绍一些国际组织在全球几大洲的分布情况。

1. 欧洲

欧洲是国际组织分布极为密集的地区之一，包括联合国欧洲经济委员会（UNECE）、欧洲安全与合作组织（OSCE）、欧洲人权法院、欧盟（EU）等众多组织的总部或重要机构都设立在欧洲，特别是在欧洲政治中立国家，如瑞士和奥地利等。

2. 北美洲

北美洲是许多国际组织的总部所在地，如联合国、世界银行、国际货币基金组织等，同时也是许多国际组织的重要活动中心。

3. 亚洲

亚洲作为世界上最大的洲，也是许多国际组织的活动地点。一些重要的国际组织在亚洲设有总部或重要机构，如联合国亚洲及太平洋经济社会委员会（ESCAP）设在泰国曼谷、亚洲开发银行（ADB）总部在菲律宾马尼拉等。

4. 非洲

非洲是全球不发达的地区之一，国际组织对非洲的支持和援助十分重要。非洲联盟总部设在埃塞俄比亚首都亚的斯亚贝巴，非洲发展银行总部设在科特迪瓦的经济中心阿比让，联合国环境规划署总部设在肯尼亚首都内罗毕等。

5. 大洋洲

相较于其他地区，国际组织在大洋洲的分布相对较少。然而，一些国际组织在大洋洲设有分部或分支机构，如国际海事组织分部设在澳大利亚的悉尼。

这些国际组织在各个地区的分布并不是固定的（表 1 - 1），有些国际组织可能会根据实际需要在不同地区设立机构和分部。由于不同国际组织的职责和功能不同，它们在不同的地区有不同的分布情况。例如，联合国的下属机构和组成部分遍布世界各地，涵盖了政治、经济、文化等多个领域；而世界卫生组织则更加专注于卫生和医疗领域，其分布也更多集中在医疗资源短缺的发展中国家。

（三）国际组织的成员分布

国际组织的成员分布是指参与某一国际组织的国家分布情况。国际组织的成员分布反映了该国际组织在全球的影响力和覆盖面，也反映了各国参与国际事务和全球合作的程度和态度。以下是一些重要国际组织的成员分布情况。

1. 联合国

联合国是世界上最大的国际组织，目前拥有 193 个成员，几乎覆盖了全球的所有国家。联合国的成员分布相对均衡。

2. 世界贸易组织

世界贸易组织是国际上最重要的贸易组织之一，目前拥有 164 个成员。其成员分布较为均衡，但还有一些国家没有加入该组织。

3. 世界银行和国际货币基金组织

世界银行和国际货币基金组织是国际重要的金融机构，其成员主要集中在北美洲、欧洲和亚洲地区。目前，世界银行拥有 189 个成员，国际货币基金组织拥有 190 个成员。

4. 世界卫生组织

世界卫生组织是联合国的一个专门机构，其成员主要集中在非洲、亚洲和欧洲地区。所有接受《世界卫生组织宪章》的联合国成员都可以成为世界卫生组织的成员。其他国家在申请并通过世界卫生大会简单的投票表决，多数通过后，就可以成为世界卫生组织的成员。在国际关系事务中不能承担责任的地区，根据世界卫生组织成员或其他能够对该地区的国际关系承担责任的权威基于该地区自身利益制定的申请，该地区可以作为预备成员进入世界卫生组织。世界卫生组织目前共有 193 个成员、2 个准成员以及 6 个观察员。

5. 欧盟

欧盟是欧洲地区最重要的政治和经济联盟，其成员主要位于欧洲地区。目前，欧盟拥有 27 个成员，这些国家在政治、经济、文化等方面有着较为紧密的联系。

6. 上海合作组织

上海合作组织是一个亚洲地区的区域性政治和经济组织，成立于 2001 年。目前，上海合作组织共有 9 个成员，分布在中亚和东亚地区。

1）中国

作为上海合作组织的创始成员，中国一直是该组织重要的成员。目前，中国拥有世界上最多的人口，是世界第二大经济体，对上海合作组织的发展和影响力的扩大起到了重要作用。

2）俄罗斯

俄罗斯是上海合作组织的另一位创始成员，也是该组织重要的成员之一。俄罗斯地处欧亚两大洲，拥有广阔的领土、丰富的资源和强大的军事实力，在上海合作组织的政治和安全领域中发挥着重要作用。

3）印度

印度于 2017 年加入上海合作组织，成为该组织的重要经济体和人口大国成员。

4）巴基斯坦

巴基斯坦与中国有着紧密的经济和战略关系，2017 年加入上海合作组织后，巴基斯坦进一步推动了中巴经济走廊和中亚经济走廊的发展。

5）塔吉克斯坦

塔吉克斯坦于 2001 年加入上海合作组织，为该组织的创始成员之一。塔吉克斯坦是中亚地区相对贫困的国家，在加入上海合作组织后，该国获得了更多的政治、经济和安全上的支持。

6）哈萨克斯坦

哈萨克斯坦于2001年加入上海合作组织，为该组织的创始成员之一。哈萨克斯坦是中亚地区重要的经济体和人口大国之一，加入上海合作组织后，进一步推动了哈萨克斯坦与中亚经济走廊的发展。

7）吉尔吉斯斯坦

吉尔吉斯斯坦于2001年加入上海合作组织，为该组织的创始成员之一。吉尔吉斯斯坦是中亚地区最小的国家。加入上海合作组织后，吉尔吉斯斯坦获得了诸多国际和经济上的支持。

8）乌兹别克斯坦

乌兹别克斯坦于2001年加入上海合作组织，为该组织的创始成员之一。乌兹别克斯坦是中亚地区第二大经济体，加入上海合作组织后，乌兹别克斯坦进一步加强了与中国、俄罗斯等国家的经济和政治合作。

9）伊朗

2023年伊朗加入上海合作组织。上海合作组织正式成员国增加至9个。

国际组织的成员分布并非固定不变的，有些国家可能会退出某一国际组织，而有些国家会加入新的国际组织。

尽管国际组织的地理分布存在一定的不均衡性，但是随着世界各国的发展和经济实力的提升，越来越多的国际组织也开始在其他地区设立办事处和分支机构，以便更好地满足当地需求和推进国际事务的发展。

此外，在国际组织地理分布方面也出现了一些新趋势。例如，国际组织在互联网和数字化技术的推动下，更多地采用远程会议和在线协作的形式，使得国际组织的地理分布和总部所在地的意义逐渐减弱。

四、联合国系统与组织架构

联合国系统是由联合国及其附属机构、特别机构和相应的国际组织组成的。这些机构在各自的领域内开展着协调合作和援助发展等工作，共同致力于维护世界和平与安全、推动全球经济和社会发展、保护人权和开展人道主义行动、维护国际法律的权威和推进全球环境保护等。下面对联合国系统的组织架构和机构功能进行简要介绍。

（一）联合国系统的组织架构

联合国系统的组织架构分为联合国、各种附属机构、特别机构和相应的国际组织。

1. 联合国

联合国是由 193 个会员国组成的政府间国际组织，其总部位于纽约。联合国的核心机构包括大会、安全理事会、经济及社会理事会、国际法院和秘书处。联合国的宗旨简单来说就是作为协调各国行动的中心，实现三个共同目的：一是维持世界和平与安全，制止侵略及破坏和平行为，通过和平方式调解那些有可能破坏和平的国际争端；二是尊重人民的平等和自决权利，发展国际友好关系；三是促进国际合作，解决经济、社会、文化及人类福利等各方面的国际问题，增进并激励对全人类的人权与基本自由的尊重。

2. 附属机构

联合国的附属机构主要包括联合国儿童基金会（UNICEF）、世界卫生组织（WHO）、世界粮食计划署（WFP）和联合国难民事务高级专员公署（简称“联合国难民署”，UNHCR）等。这些机构是联合国系统的一部分，负责在各自的领域内开展协调合作和援助发展等工作，帮助实现联合国的各项目标。

3. 特别机构

联合国的特别机构主要包括国际劳工组织（ILO）、联合国教科文组织（UNESCO）、国际货币基金组织（IMF）和世界银行等。这些机构与联合国之间有着密切的合作关系，旨在共同推进联合国各项目标的实现。

4. 国际组织

联合国的国际组织包括世界贸易组织（WTO）、国际原子能机构（IAEA）和国际海事组织（IMO）等。这些组织与联合国之间也有着合作关系，致力于促进全球的贸易、安全和可持续发展。

（二）联合国系统及机构的功能

1. 联合国大会

联合国大会是联合国系统的最高决策机构，由所有会员国组成。大会每年在联合国总部召开一次，旨在为会员国提供一个讨论全球事务和决策的平台。大会的职责包括制定和修改联合国章程、批准联合国预算、选举安理会非常任理事国和国际法院的法官等。此外，大会还可以通过宣言、决议和建议等文件，为全球的和平安全与社会经济的发展提供指导性意见和建议。联合国大会通常在每年 9 月至 12 月举行。

2. 安全理事会

联合国安全理事会是维护国际和平与安全的主要机构，由 15 个理事国组成。

其中，5 个是常任理事国（中国、法国、俄罗斯、英国和美国）；10 个是非常任理事国，任期为两年，每年改选半数。安理会的主要职责是调解和解决国际争端、制定决议和行动方案、对违反国际法的行为进行制裁等。安理会的决议具有强制性，其执行由各成员共同承担。

3. 经济及社会理事会

联合国经济及社会理事会是联合国系统中负责推动全球经济和社会发展的机构。理事会由 54 个成员组成，任期为 3 年，主要职责是制定和协调国际经济和社会政策、推动可持续发展、促进全球贸易和投资、支持国际援助和发展等。此外，理事会还可以通过各种形式的决议和声明，为全球经济和社会发展提供指导性意见和建议。

4. 国际法院

国际法院是联合国系统的主要司法机构，总部位于荷兰海牙。国际法院的主要职责是处理和解决国家间的法律争端和纠纷。国际法院的判决具有权威性和约束力，各成员有义务履行其裁决和决定。

5. 秘书处

联合国秘书处是联合国系统的执行机构，总部位于纽约。秘书处的主要职责是协调和管理联合国的各项工作，为各个机构提供技术支持和行政服务。秘书处的工作涉及多个领域，包括国际和平与安全、经济和社会发展、人权和人道主义行动、环境和气候变化等。秘书长是秘书处的领导人，由联合国大会推荐，经安理会批准任命，任期为 5 年，可以连任 1 次。

6. 联合国开发计划署

联合国开发计划署是联合国的下属机构，成立于 1965 年，总部位于纽约。该机构致力于推动可持续发展和减少贫困，通过开展各种发展项目和行动，支持各个国家实现可持续发展目标。该机构的主要工作包括减少贫困、提高教育和健康水平、促进经济增长、保护环境和气候变化等，其成员包括 189 个国家和地区。该机构积极与其他联合国机构和国际组织合作，是世界上最大的负责技术援助的多边机构，为全球发展事业做出了重要贡献。

7. 世界卫生组织

世界卫生组织是联合国系统中的专门机构，致力于推动全球公共卫生事业，保障全球人民健康。该机构成立于 1948 年，总部位于瑞士日内瓦。世界卫生组织的主要职责包括制定和协调全球公共卫生政策、提供技术支持和援助、开展全球卫生监测和应对传染病等。该机构目前共有 193 个成员、2 个准成员以及 6 个观察员。

8. 粮食及农业组织

联合国粮食及农业组织（简称“粮农组织”）是联合国系统中的专门机构，成立于 1945 年，总部位于意大利罗马。该机构的主要职责是促进全球粮食安全和农业可持续发展，支持各国制定和实施农业政策和计划。该机构的工作范围涉及粮食和农业生产、渔业和林业等多个领域，其成员包括 197 个国家和地区，是全球重要的粮食和农业组织之一。

9. 儿童基金会

联合国儿童基金会是联合国下属机构之一，成立于 1946 年，总部位于纽约。该机构的主要职责是保护儿童权利和福利，提高全球儿童的健康、教育和生活水平。该机构的工作范围涉及儿童健康、教育、保护、营养、卫生、艾滋病、儿童劳工、艺术、体育等多个领域，是全球最大的关注儿童问题的组织之一。

10. 国际劳工组织

国际劳工组织成立于 1919 年，1946 年成为联合国系统中的专门机构，总部位于瑞士日内瓦。该机构致力于维护全球劳工权益和工作的尊严，促进工作条件的改善和就业机会的增加。该机构的工作范围涉及劳工权益、就业机会、社会保障、劳动标准、职业安全与健康等多个领域。其成员包括 187 个国家和地区，是全球重要的劳工组织之一。

联合国系统涵盖了各个领域的专门机构和项目，这些机构和项目在全球发展、和平与安全、环境、人权和人道主义等方面发挥了重要作用。联合国系统的组织架构和运作方式保证了各个机构和项目之间的协调与合作，共同推动全球可持续发展和人类进步。

第二章 国际组织工作人员

服务于各类国际组织中的工作人员，由于工作岗位不同，受聘时间、任职形式、所属的国际组织不同，因而也有着不同的分类。通常在国际组织工作的人员有以下三类：国际公务员（International Civil Servant）、国际雇员（International Employee）和国际职员（International Staff）。

在国际组织中工作的除上述三类主要人员外，还有一些为国际组织服务和在国际组织中承担一定职责的人员。例如，成员驻国际组织的代表、国际组织的理事会成员、国际组织的志愿者、国际组织聘用的驻在国人员、国际组织聘用的专家顾问，以及国际非政府的学术组织、专业组织和社会组织中的服务人员等。

第一节　国际公务员

履行国际组织职能、维持国际组织日常运作的工作人员中，占比最多的应当是国际公务员。国际公务员也是各个国际政府间组织中队伍庞大、人数众多的群体。

一、国际公务员的概念

国际公务员是指在联合国系统或其他国际组织工作的专业公务员。他们为国际组织聘用、受国际组织领导、向国际组织负责、为国际组织服务。他们的职责包括执行组织的任务、维护组织的利益、提供技术支持和建议等。

与各个国家普通公务员相比较，国际公务员具有以下几方面的特点。

一是国际公务员是一种特殊类型的、从事公务活动的人员。他们有别于各国普通的国家公务员，在某种意义上他们从事的是一种特殊的公务活动，向特定对象提供公共产品或者公共服务。国际公务员履行的不是各国政府赋予的使命任务，而是国际政府间组织指定的职责，其承担的是国际使命。国际公务员不接受任何国家和政府的指令，完全为所在国际组织工作，即根据该组织的宗旨和授予的任务，为该组织本身和该组织全体成员服务。

二是国际公务员与各国的国家公务员的区别还在于：国家公务员是各国“依法履行公职、纳入国家行政编制、由国家财政负担工资福利待遇的工作人员”。这就是说，各国的公务员由本国政府按照行政人员编制招募，并通过国家和地方的财政预算、按本国相关部门制定的标准提供薪酬；国际公务员并不是由各国政府聘任派遣的，而是国际政府间组织依据其组织章程、人事制度、人员编制、财政预算和实际需要，由国际组织自行聘任的公务人员。

三是国际公务员的薪酬和福利待遇根据国际组织批准的待遇标准发放，国际公务员不得再获取和接受其他任何国家的政府或者组织团体提供的薪金收入和福利。

四是国际公务员主要指国际组织中的文职官员，他们从事着行政管理、专业事务和日常运行事务。国际公务员与国际维和部队的军人与警察所承担的使命和职责不同，他们的人身安全受到相关国际条约的更多保障。

从所属国际组织的角度来分析，国际公务员还有“狭义”和“广义”之分。

狭义的国际公务员特指“联合国及其下属机构或专门机构长期聘用的办事人员”，甚至特指联合国聘任的专业职业类别雇员，或称“文职官员”。广义的国际公务员则包括由联合国及其他全球性、区域性、综合性和专业性国际政府间组织按相关章程、规定和标准长期聘任的所有国际公务人员。因此，按照广义的国际公务员定义，在国际科技组织中有大量的国际公务员。

二、国际公务员的职业类别与职级

在国际组织中，国际公务员的职业类别与职级是其组织架构中的两个关键因素。对于准备在国际组织中实习、任职的人员来说，了解国际公务员的职业类别和职级很有必要。通过了解上述内容，他们能够更好地发挥自己的专业技能和能力，为国际组织做出更大贡献。

（一）国际公务员的职业类别

国际组织中的国际公务员职业类别主要包括以下四种。

1. 一般人员（简称G级人员）

这类职员从事一般事务性工作，大多从国际组织所在地招聘，主要从事秘书和行政助理工作，从最低G1至最高G7共有七个级别。

2. 业务人员（简称P级人员）

业务人员是从世界各国招聘的人员，从事国际组织的各项业务工作，专业涉及面较宽。例如，世界卫生组织60%以上业务人员的专业背景是和医药卫生有关的医学、生物学，其他还有信息、财务、人力资源管理、法律、外交等。这类职员从最低的P1到最高的P5共有五个级别。P5级人员享受外交待遇。个别国际组织，如世界卫生组织设有P6，相当于D1。

3. 司级人员（简称D级人员）

司级人员一般是国际组织各内设部门的负责人，分为Dl和D2两个级别，大部分由国际组织行政首长任命产生，在形式上有的也参与竞聘。

4. 高级官员（简称不叙级人员）

高级官员有两类：一类是联合国首席行政首长（联合国秘书长）、联合国专门机构的主要负责人（如世界卫生组织总干事），他们由联合国大会或相应国际组织代表大会选举产生，其工作期限、工资待遇等均由全体大会审定并签订合同；另一类是联合国秘书长任命的若干副手（联合国副秘书长）、联合国专门机构主要负责人任命的主要助手（如世界卫生组织副总干事、助理总干事、总干事代表或顾问等）。

（二）国际公务员的职级

在国际组织中，国际公务员一般分为 P 级、D 级和 G 级等级别。

1. P 级（Professional level）

P 级是指专业职位的职级。P 级主要包括 P1、P2、P3、P4 和 P5 五个级别。P1 级别通常是刚刚进入国际组织的新员工的入门级别。而 P2、P3、P4 和 P5 级别的晋升则需要更多的工作经验和更强的工作技能，对应着不同的职位需求和职责。

2. D 级（Director level）

D 级是指行政职位的职级。D 级主要包括 D1、D2 两个级别，一般是国际组织中的高级职员，需要更高的管理和组织能力，负责指导和协调国际组织内的各项事务。

下面对国际组织公务员中的行政首长做专门介绍。

1）行政首长

行政首长特指联合国系统中各重要组织首脑人员和部门行政主管人员。联合国文献经常把他们称为 D（Director）级及以上职务的人员。

行政首长中首先是重要组织的首脑和行政负责人，他们通常是“非叙级高级官员”，包括首席行政官员及他们的副手。联合国的首席行政官员是联合国秘书长。联合国各专门机构也有各自的首脑，如联合国教科文组织总干事、世界卫生组织总干事、联合国开发计划署署长、联合国世界粮农组织总干事等。这些高级官员由联合国全体大会或者由联合国专门机构的全体大会，按组织章程和推选程序选举产生。这些官员的工作任期、薪酬待遇等均按大会批准的章程和相关协议合同决定，再经过各国际组织与当选高官共同签署后执行。

拓展阅读

联合国秘书长

联合国秘书长既是外交官，又是代言人；既是公务员，又是首席执行官。联合国秘书长的任期为 5 年，可连任一次。联合国现任秘书长是来自葡萄牙的安东尼奥·古特雷斯先生，他是第九任秘书长，于 2017 年 1 月 1 日就职。

《联合国宪章》规定，秘书长是联合国的“首席行政长官”，履行行政长官的职务，以及安理会、大会、经济及社会理事会及其他联合国机构“所托付之其他职务”。《联合国宪章》还规定秘书长有权力“将其所认为可能威胁国际和平及安全之任何事件，提请安全理事会注意”。这些纲领性的原则既明确规定了秘书长的职能和权力，又给予其极大的采取行动的自由。如果不关心成员的利益，秘书长就不称职。秘书长必须考虑各个成员的需要和关切，同时维护联合国的价值观念和道德权威，一言一行都要从和平的角度出发。

秘书长每年都发布一份有关联合国的工作报告，评价联合国的工作，指出以后的工作重点。联合国秘书长同时又是联合国系统行政首长协调理事会的主席。该理事会由联合国各个基金会、计划署及其他专门机构组成，每两年举行一次会议，在联合国系统面临的全部重要事宜和管理事务上谋求进一步的协调与合作。

秘书长最重要的职责之一就是发挥其“斡旋职能”，本着公正的原则，公开或私下采取措施，防止和化解国际争端。每任秘书长也会根据其任职期间特定的时代背景，确定自己的工作重点。

2）行政首长副手

首席行政官员（首脑）的副手包括联合国秘书长任命的副秘书长（Under Secretary General，USG）、助理秘书长（Assistant Secretary General，ASG）和同一级别的特使和代表。联合国各专门机构的行政首长也会任命他们的副总干事（Deputy Director General，DDG）、助理总干事（Assistant Director General，ADG）、副署长、助理署长、总干事代表等。

国际组织的部门负责人是国际组织的行政主管，联合国称为D级官员。由于各个部门的名称不同，有的叫“部”，有的叫“办公室”，有的叫“中心”，等等。担任国际组织行政部门主管的国际公务员往往长期供职于国际组织，对于国际组织的运行经验丰富、专业能力很强。在联合国系统中，行政主管又细分为两级，称为D1级和D2级。

拓展阅读

联合国教科文组织领导机构

联合国教科文组织（United Nations Educational，Scientific and Cultural Organization，UNESCO）致力于推动各国在教育、科学和文化领域开展国际合作，

以此共筑和平。联合国大会于 2015 年通过了《2030 年可持续发展议程》，联合国教科文组织开展的各项目将助力实现该议程中的可持续发展目标。

“对话和相互理解是建立和平的基础，人类智慧与道德的团结是建立和平的前提。”在此精神指导下，联合国教科文组织积极发展教育手段，消除仇恨，倡导包容，培养全球公民；致力于确保每个儿童和公民都享有接受优质教育的机会；通过弘扬文化遗产、倡导文化平等加强各国之间的联系。联合国教科文组织还促进科学计划与政策的实施，以此作为发展与合作的平台。

联合国教科文组织领导机构由大会和执行局构成。大会由教科文组织会员国的代表组成，每两年举行一次，准会员以及非会员国、政府间组织和非政府组织（NGO）的观察员也可参加。每个国家都有一票，无论其大小或对教科文组织预算的贡献程度如何。大会决定本组织的政策和工作主线。它的职责是制订教科文组织的计划和预算，选举执行局成员并每四年任命一次总干事。大会的工作语言为阿拉伯文、中文、英文、法文、俄文和西班牙文。

执行局负责联合国教科文组织的总体管理。它为大会的工作做准备，并确保大会决议正确实施。执行局的 58 个成员由大会选出。这些代表的选出主要体现了他们各自代表的文化多样性，以及他们各自的地理区域。

3. G 级（General service level）

G 级是指技术和支援职位的职级。G 级主要包括 G1、G2、G3、G4、G5、G6 和 G7 共七个级别。这些职位需要提供各种技术支援和服务，例如提供信息技术支持、保障行政服务、提供设施和物流支援等。

在国际组织中，不同的职级对应着不同的工作职责、薪资福利和晋升机会。普遍来说，随着职级的提高，国际公务员的职责和责任也会随之增加，同时也会获得更高的薪资和福利待遇。国际组织为国际公务员提供了晋升机会，让员工不断提高自己的技能和能力，实现自我发展和成长。

三、国际公务员的薪酬与待遇

作为国际组织的重要组成部分，国际公务员的薪酬待遇一直是外界关注的焦点之一。与国家公务员相比，国际公务员的薪酬待遇通常更高，因为他们需要具备更高的专业技能和承担更多的责任。下面从多个方面来介绍国际公务员的薪酬待遇。

国际公务员的薪酬待遇因组织、级别和地区而异。在联合国等国际组织中，薪酬体系通常分为专业及更高级别（Professional and higher categories，P 和 D 等级）和一般服务类别（General Service category，G 等级）。

（一）专业及更高级别（P 和 D 等级）

这类职位包括各种领域的专家和管理人员，如经济学家、人权专家、政治事务官员等。薪酬包括基本工资、各种津贴和社会保险等。

1. 基本工资

基本工资与员工的职级和工作经验相关。其中 P1 级为最低级别，P2、P3、P4、P5 逐级递增，D1 和 D2 为更高级别。基本工资一般以美元表示。对于不同的职级，基本工资可能会有很大差距。例如，P1 级别的起薪可能在每年 4 万美元左右，而 P5 级别的起薪则可能超过 10 万美元。

2. 津贴

国际公务员在基本工资之外还享有一系列津贴，主要有以下四类。

1）家庭津贴

家庭津贴包括配偶津贴、子女津贴、单亲津贴等。这些津贴是为了补偿员工在国际环境中的生活成本。津贴的金额因家庭状况和组织而异。

2）租房津贴

租房津贴主要是帮助国际公务员支付在工作地租房的费用，一般情况下国际组织会为其职员提供一定比例的租房津贴。

3）教育津贴

教育津贴主要帮助国际组织职员解决子女入学学费问题。通常情况下国际组织职员的子女在一定年龄范围内均可以获得教育津贴，以帮助其支付国际学校的学费。

4）生活费津贴

国际组织会根据职员工作地的生活成本，提供相应的生活费津贴。

3. 社会保险

国际公务员享有一定的社会保险，包括养老金、医疗保险、生育津贴等。养老金通常按照员工在组织工作的年限和最后的基本工资来计算。医疗保险通常涵盖员工及其家属的医疗费用，包括门诊、住院、处方药等。生育津贴是补偿员工因生育而产生的费用。

（二）一般服务类别（G 等级）

这类职位通常包括国际组织内的行政、技术和支持人员。一般服务类别职员的薪酬以当地货币表示，同样包括基本工资和各种津贴及社会保险等。

1. 基本工资

一般服务类别职员的基本工资通常与当地的薪酬水平相关，因此会因地区而异。基本工资会根据国际组织职员的具体职级、工作经验和工作绩效进行动态调整。

2. 津贴

与专业及更高级别的职员类似，一般服务类别职员也享有各种津贴，例如家庭津贴、租房津贴、教育津贴等。具体津贴的金额和范围可能会因职员所服务的国际组织和地区而有所不同。

3. 社会保险

一般服务类别的国际组织职员同样享有社会保险，包括养老金、医疗保险等。这些福利的具体细节因组织和地区而有所不同。

除了薪酬和津贴，国际公务员还享有一些补充福利。例如，国际公务员通常享有较长的年假、病假等带薪假，某些国际组织还为职员提供特殊的假期（如在特定年限后的休假、学术休假等）。此外，国际组织通常会向职员提供专业培训和发展机会，以促进员工的职业发展。还有些国际组织会允许其职员享有一定程度的工作灵活性（如弹性工作时间、远程办公等）。

总体来说，国际公务员的薪酬待遇与其所在的组织、职位、职级和地区密切相关。因此，有意加入国际组织的应聘者应仔细研究特定组织的薪酬体系，必要时可以查询相关国际组织的官方网站，以便更好地了解该国际组织为职员提供的薪酬和福利。

四、国际公务员的晋升与职业发展

国际公务员的晋升和职业发展也有其独特性。一般来说，国际组织会根据工作表现、工作经验和资历等因素来评估国际公务员的表现。国际公务员的晋升和职业发展通常需要经过一系列的评估和考核，例如工作表现评估、职业素质评估和语言考试等。

此外，国际组织还会根据不同的工作职能和部门设立不同的职业发展通道。例如，联合国的国际公务员晋升通常分为三个阶段，即初级职级、中级职级和高级职级。国际公务员需要在不同的职级中积累工作经验和资历，才能获得晋升的机会。同时，国际组织还会根据不同的工作职能设立相应的职业发展通道。

五、国际公务员的招募

国际组织通常会定期发布国际公务员的招募信息，包括职位名称、职位要求、工作地点、薪酬待遇等。国际公务员的招募通常需要应聘者提交个人简历和申请表，同时需要通过各种测试和面试等程序，以评估应聘者的职业素质和能力。

国际组织对国际公务员的要求比较高，应聘者需要具备较高的学历和专业技能，同时需要具备流利的英语或其他联合国官方语言的交流能力，具备跨文化沟通能力和适应能力，以及强烈的责任感和职业道德。

国际公务员是一种特殊类型的、从事公务活动的人员，具有独特的职业特点和要求。作为国际组织的重要组成部分，国际公务员在维护国际和平与安全、促进国际合作和发展等方面发挥着重要作用。国际公务员的职业发展和薪酬待遇具有吸引力和竞争力，同时应聘者也需要具备较高的职业素质和能力才能胜任。

关于应聘者如何申请，在本书第四章第三节中有更为详细的介绍。

第二节 国际组织其他类型工作人员

虽然说国际组织聘用了大量国际公务员，但这并不意味着所有在国际组织中工作的人员都是国际公务员。在国际组织中还有许多其他类型的工作人员，他们为各类国际组织的建设和发展提供服务。这些其他类型的工作人员包括志愿者、实习生和驻在国本地雇员等。

一、国际组织志愿者

所谓志愿者，就是指自愿贡献个人的时间及精力，在不以获取任何物质报酬为目的的情况下，为改善社会、促进社会进步而提供服务的人。志愿工作具有自愿性、无偿性、公益性等特征。国际组织志愿者是指在世界各地为国际组织提供志愿服务的人员。这些志愿者可能来自不同的国家和地区，拥有不同的文化和背景，他们在国际组织的各个领域发挥着重要作用。志愿者通过提供自己的时间、知识和技能，为国际组织的各个项目和活动做出贡献，从而推动了全球合作、发展与和平。

志愿服务可能涉及多种形式的活动，包括参与项目策划、组织和执行，为社区提供教育、医疗、法律等服务，应对自然灾害和人为灾害的援救和重建工作，参与环保、人权、公共卫生等领域的工作，等等。在全球范围内，有许多组织专门提供志愿者服务的机会，例如国际志愿者组织、红十字国际委员会和世界自然基金会（WWF）等。这些组织通过志愿者的服务帮助解决全球性问题，如贫困、饥饿、环境破坏、冲突和疾病等。

（一）国际志愿服务的发展

国际志愿服务的发展历程可以追溯到数个世纪以前，但真正形成并发展起来是在 20 世纪。

早期的国际志愿服务主要是由宗教团体、社区和慈善组织进行。他们为那些被贫困、灾难或疾病困扰的社区提供援助。例如，在 19 世纪和 20 世纪初，许多教育机构和宗教团体都有派遣志愿者到海外的传统。

苏联早期的“共产主义星期六义务劳动”是志愿活动发展历程中的一个重要里程碑。1920 年 5 月 1 日的“劳动节”恰逢星期六，列宁亲自参加了这一天的“共产主义星期六义务劳动”。这也成了世界现代史上形成“义务劳动”和“志愿服务”的重要起点和事件。

与此同时，第一次世界大战也使许多欧洲国家满目疮痍、百废待兴。受苏联“共产主义星期六义务劳动”的启发，欧洲逐渐形成了国际性的“义务劳动营运动”（Volunteer Working-camp Movement），在人类历史上首次出现了大批国际义务劳动者和国际志愿者。

1934 年，热心国际志愿服务的国际联盟官员和欧洲多国的有识之士促成了“民间服务国际”的创建，促进各国的志愿者服务他国，重建受灾国家和地区。

1945 年联合国成立后，为了医治战争创伤、救济平民百姓、开展战后重建，联合国大会决定建立“联合国善后救济总署”（UN Relief and Rehabilitation Adminis-tration，简称 UNRRA）。UNRRA 从建立之初就欢迎国际志愿者参与各国的救济和重建工作，还向志愿者提供最基本的生活保障和交通经费。这些措施吸引了更多的志愿者参与到联合国的和平发展事业中，联合国于 1946 年专门设立了志愿者基金。

1970 年，联合国大会通过决议，正式设立“联合国志愿人员组织”（United Nations Volunteers，UNV）。UNV 由联合国开发计划署（UNDP）负责管理，并提供志愿者专项基金。联合国高度评价志愿者为维护世界和平和可持续发展事业和行动做出了重要贡献。

进入 21 世纪，随着全球化进程的加速，国际志愿服务进一步发展。一方面，各种国际组织和非政府组织在世界各地开展各种志愿者项目，处理从环保、公共卫生到人权和教育等各种问题；另一方面，越来越多的年轻人开始参与国际志愿服务，他们既希望为全球社区做出贡献，又希望通过这种体验，获得新的知识和技能，增进对不同文化的理解。

在志愿服务发展过程中，信息技术的进步极大地推动了国际志愿服务形式的变化。互联网和社交媒体的广泛使用使得信息传播更加快速，人们可以很容易地了解到全球各地的志愿者项目和需要。近几年，远程志愿服务也开始流行，这意味着志愿者可以在自己的家中为全球的项目提供服务。

如今，国际志愿服务已经发展成为一种全球运动，不仅在解决全球问题方面发挥了重要作用，也为参与者提供了宝贵的个人发展机会。无论是通过提供医疗援助、教育服务，还是通过参与环保项目、人权活动，国际志愿者都在积极地为创造一个更公平、更公正、更和平的世界做出贡献。

（二）国际组织志愿服务的作用和价值

国际组织志愿服务的作用和价值体现在很多方面，不仅为国际组织的建设发展贡献了力量，也为志愿者自身的成长提供了机会。具体来说，国际组织志愿服务的作用和价值主要体现在以下几方面。

首先，国际组织志愿者致力于解决全人类共同面临的问题，例如贫困、饥饿、健康、教育、环境问题等。他们的工作有助于增进全人类的福祉。通过他们的贡献，很多人得以接受教育、医疗服务，这些甚至有可能改变他们的生活。

其次，参与国际组织志愿服务的人员有机会获得新的技能和经验，例如语言技能、项目管理技能、领导能力、问题解决能力等。这些技能和经验可以提升志愿者的职业素质，提高志愿者的就业能力。

最后，在从事志愿服务的过程中，国际组织的志愿者会接触到各种不同的文化和价值观。这需要志愿者们学会理解和尊重文化差异，适应和融入新的文化环境，从而提高国际组织志愿者对全球问题的理解。

（三）联合国志愿者

在国际组织志愿者中，联合国招募的志愿者的数量是最多的，在这里我们详细介绍联合国志愿者的情况。

1. 联合国志愿者的工作

联合国志愿人员组织（UNV）规定，联合国系统的志愿者均需与联合国下属机构或者专门机构签署协议，联合国的下属和专门机构负责招募联合国志愿者、提供志愿服务岗位。联合国志愿者与这些联合国机构的公务员一起到第一线工作。联合国志愿人员组织负责为志愿者提供必要的生活津贴、国际机票和交通费用，各用人机构和该组织还为志愿者提供必要的上岗前和在职期间的专业培训。但是，联合国志愿人员组织强调，联合国志愿者并不是联合国招聘的国际公务员，联合国志愿者提供的是不取薪酬的志愿服务。

2. 联合国志愿者的类型

联合国志愿者去服务的国家大多数为欠发达国家、灾后重建国家或者战后重建国家。联合国希望志愿者在维护和平、增进安全、拓展人权和人道主义等方面提供支持和服务。与此相应，从联合国志愿者实际承担的工作任务看，他们从事的主要工作是基本社会服务、卫生医疗服务、救灾与灾后重建、人道主义救助和维护和平与建设。联合国志愿人员组织根据志愿者工作的特性与对志愿者的工作要求，把志愿者分为以下五类。

1）国际志愿者（international volunteer）

国际志愿者主要是拥有大学本科及以上学位、能够用联合国六种工作语言之一和其他语言工作的专业技术人员。他们具有承担志愿服务所需要的专业知识与技能。国际志愿者通常应具有 5 到 10 年的专业工作经验。目前，联合国志愿人员组织与联合国相关机构每年总共招募 2000 名左右联合国国际志愿者，其中 57%为男性志愿者。他们在 130 多个国家和地区为维护世界和平与可持续发展服务。

2）国内/当地志愿者（national/local volunteer）

国内/当地志愿者是由联合国下属或专门机构招募的、在本国和本地区服务的志愿者，要求其具有承担志愿服务的专业知识和技能。他们容易融入当地社区、没有语言和文化障碍，能够在第一时间或者迅速到达紧急需要的现场，能够在当地社区民众和国际组织工作人员、国际志愿者之间建立沟通的桥梁。如出现灾后救济、战后重建、传染性疾病突发等情况，联合国志愿人员组织与联合国机构通常会招募一些当地志愿者。他们服务时间的长短往往取决于紧急救援或者危机处理所需的时间。

3）短期志愿者（short-term volunteer）

短期志愿者是指联合国机构临时招募的、应对特殊需要的志愿者，例如翻译、向导、特殊护理志愿者等。他们的工作时间通常不超过 3 个月。由于人才需要的特殊性，对短期志愿者的年龄限制会放宽，甚至可以是拥有专门知识和技术的退休人员。

4）青年志愿者（young volunteer）

联合国志愿人员组织规定，青年志愿者的年龄限制在18～29岁。青年志愿者的服务期限为6～24个月。联合国青年志愿者通常具有本科及以上学历，具有一定的专业知识和技能，有2年左右的工作经验。

联合国志愿人员组织以及联合国用人机构会在青年志愿者工作前、工作期间和工作结束后提供必要的培训，以便给他们更多的自我保护和安全防范能力，提升青年志愿者的工作效率，促进来自各国的青年志愿人员的融合。

青年志愿者则可以通过他们志愿服务活动与经历，开阔国际视野、提升国际交往能力、运用专业知识技能、了解世界和平与可持续发展的现状与使命。志愿服务也帮助有志于成为国际公务员的青年积累经验、建立人脉、开辟道路。该组织规定，青年志愿者中25～29岁，有硕士、博士学位和特殊技能的志愿者可以注册进入联合国志愿人员组织的“全球人才库”。他们是联合国国际公务员的后备人才。

5）网上志愿者（on-line volunteer）

随着互联网、人工智能在国际事务和现实生活中使用的日益频繁和广泛，联合国志愿人员组织从2020年开始招募网上志愿者。这些志愿者无须飞赴国外去一线工作，而是根据用人机构的要求，运用自己的信息交流技术，通过互联网，在网上提供相关信息服务。目前，联合国志愿人员组织在世界各国已经有20，000多名网上志愿者，通过18，000多份任务协议开展网络志愿服务。

联合国是招募国际志愿者人数最多、影响最大的国际政府间组织。事实上，许多其他国际组织每年也招募大量国际志愿者。这些国际组织志愿者也会因履行某些国际义务、执行某些国际人道主义援助项目等，而奔赴各国和地区提供各种专业的志愿服务。

二、国际组织实习生

实习（internship），按照字面意思理解就是在实践中学习；实习的目的是将学到的理论知识运用到实际工作和情景中。在高等教育过程中和现代社会生产生活中，实习活动已经遍及各个专业、学科和行业。医学生在从业前需要当实习医生，师范生在从教前需要经过教学实习，律师在从业前也需要有实习经历。各个专业的毕业生需要先到工厂、企业或机关等处经过实习，甚至经过实习后的考核，才能进入相关单位工作。在实习期间，实习者并非医院、学校、企业或机关的正式职工，他们的身份是实习生（又称“见习生”），即处于实习过程中的学生，或者是已经完成学业而处于实习过程中的人员。

随着全球化的不断发展，国际组织在解决跨国问题、维护国际秩序和促进全球合作方面发挥着越来越重要的作用。为了更好地培养未来的领导者和专业人士，许多国际组织都设有实习生计划，为大学生和年轻专业人士提供了一个独特的学习和成长机会。

许多国际组织都设有实习生（intern students，简称 interns）项目或实习生方案。联合国及其下属机构也都设立了大量的实习生计划和方案。实习生项目为年轻人提供了宝贵的学习和职业发展机会，同时也为国际组织带来了新鲜的思维和能力。下面简述国际组织实习生项目的意义与价值。

（一）为青年人提供参与全球事务的机会

青年人通常面临缺乏实践经验的窘境，而实习生项目可以弥补这一缺憾。通过实习，他们可以在实际工作环境中学习和应用专业知识，了解国际组织的运作和决策过程。这样的经历对于他们今后在国际事务中发挥作用具有重要意义，并有助于培养新一代的全球领导者和专业人士。

（二）促进国际组织的多元化和包容性

国际组织的核心任务是解决全球性的问题，因此代表各个国家和文化的人才是不可或缺的。通过设立实习生项目，国际组织可以吸引来自不同国家和背景的青年人参与，为组织带来多元化的观点和经验。这有助于避免单一思维方式和偏见的产生，同时也增加了国际组织在全球范围内的可信度和代表性。

（三）有助于国际组织人才储备和可持续发展

实习生项目可以作为一种有效的人才引进和选拔渠道，帮助国际组织发现并培养潜在的优秀人才。通过实习生项目，国际组织可以评估实习生的能力和潜力，为他们提供进一步的培训和发展机会。这不仅有助于实习生个人的成长，还为国际组织提供了稳定的人才储备，确保组织的持续发展和运转。

（四）促进国际组织与社会各界的合作

国际组织往往与政府、非政府组织和私营部门等伙伴开展合作，共同推动全球议程的实现。通过实习生项目，国际组织可以与这些合作伙伴建立联系，并为它们提供人力资源的培训和支持。这样的合作将有助于促进知识和经验的共享，实现资源的互补，提高各方的能力和效益。

（五）促进国际组织的创新和变革

青年人通常具有较强的创造力和创新思维，他们能够为组织带来新的想法和解决方案。通过实习生项目，国际组织可以为青年人提供展示才华和实施创新的平台，鼓励他们提供新的观点和方法。这有助于组织在快速变化的全球环境中保持敏捷性和竞争力。

从职业生涯规划角度来说，实习是职业生涯中的重要一环，更是一名大学生深入了解其理想、兴趣、学识、能力与职业选择、工作要求、生活环境是否吻合的过程。大学生和年轻专业人士可以在国际组织实习的过程中，真实体验国际组织服务于全球的性质、和平发展的使命、跨国工作的环境、与多国同事的协作过程、与不同语言交流的过程，从而锻炼自身的语言沟通能力、实际工作能力、与人相处的能力，激发自身的潜能和使命感，以便能更理智地选择自己未来的职业与前途。

三、驻在国本地雇员

随着全球化的加速发展，国际组织在解决跨国问题、维护国际秩序和促进全球合作方面发挥着越来越重要的作用。在驻在国国家开展项目和活动时，国际组织通常会雇佣本地员工，以充分利用其对当地环境、文化和资源的深入了解来开展工作。本地雇员不仅在项目实施中发挥着关键作用，还能促进本地经济发展和全球融合。

（一）驻在国本地雇员的优势

国际组织在驻在国雇佣本地员工有很多优势。这些本地雇员可以为国际组织提供独特的专业知识、文化洞察力和语言能力，为国际组织的运作和发展做出重要贡献。

1. 驻在国本地雇员熟悉当地文化和语言

国际组织往往在各个国家设有办事处或代表处，这意味着他们需要与当地政府、民间组织和社会各界进行广泛的交流和合作。驻在国的本地雇员能够深入理解当地的文化背景、价值观和社会习俗，有助于国际组织建立起与当地人的互信与合作关系。他们能够深入洞察当地政治、经济和社会环境，为组织制定战略和决策提供宝贵的参考意见或建议。

2. 驻在国本地雇员具备与本土相关的专业知识和技能

每个国家都有自己独特的法律、规定和制度，而驻在国本地雇员熟悉并理解这些本土的法律和政策环境。他们掌握当地的行业趋势、商业实践和市场需求，能够为国际组织提供实用的建议和指导。此外，本地雇员还具备与当地人民和社区建立联系的能力，能够更好地了解当地人的需求和关切，为组织的项目和倡议定制合适的解决方案。

3. 驻在国本地雇员有助于提高国际组织工作的有效性和效率

本地雇员熟悉当地的行政程序和工作方式，能够帮助国际组织遵守当地的法规和要求。他们与当地政府和机构保持紧密联系，可以协助国际组织处理行政手续、获得必要的许可和批准，并解决与当地合作伙伴的沟通问题。此外，本地雇员还可以洞察当地劳动力市场，帮助组织招聘和管理当地员工，为人力资源管理助力。

4. 驻在国本地雇员有助于加强国际组织与当地社区之间的联系与合作

本地雇员作为组织的代表，能够促进组织与当地政府、民间组织和社区之间的对话与合作。他们能够代表国际组织参与当地的社会责任项目和可持续发展倡议，帮助国际组织树立良好的声誉和形象。通过与当地社区建立良好的合作关系，国际组织能够更好地了解和满足当地人民的需求，实现共同发展。

5. 驻在国本地雇员的雇佣能够促进组织的多样性和包容性

国际组织致力于在全球范围内解决各种问题，因此需要来自不同国家、拥有不同文化背景的人才。通过雇佣驻在国本地员工，国际组织可以实现人员构成上的多样性，吸引各个国家和有不同文化背景的人才加入。这样的多样性有助于避免单一思维和偏见，促进创新和创造力，提高国际组织在全球舞台上的影响力和可持续性。

（二）驻在国本地雇员的类别

国际组织聘用的驻在国本地雇员可细分为两类：一类是本国专业官员（National Professional Officer，NPO），另一类是本国一般人员（National General Staff）。

本国专业官员的主要任务是在国际组织驻在国或者项目实施国协助开发相关项目、落实推进项目实施、推介处理公共信息、维护国际组织与利益相关方的公共关系等各种事务。这些专业人员需要有丰富的知识与经验，能够在本国顺利开展工作，能够帮助国际组织实现其工作目标，其工作也有助于本国的社会事业在国际组织的援助下得到发展。本国专业官员是国际组织正式聘用的专业人员，但是由于他们都在本国受聘、在本国服务（不需要到国外工作），因此他们不属于国际公务员。

本国一般人员包括本地的后勤、出纳、安保、清洁、维修等人员。他们的薪酬待遇低于国际公务员中“一般职类人员”的收入，但仍然按照“本地同类最佳待遇”的原则确定薪酬待遇。

驻在国本地雇员具备许多优势。他们熟悉当地文化、语言和专业知识，为组织提供了宝贵的资源和洞察力；他们的存在有助于提高组织的有效性和效率，并加强组织与当地社区的联系和合作；此外，雇佣驻在国本地员工还促进了组织的多样性和包容性。许多本国雇员特别是年轻有为的青年本国专业官员，往往工作几年后就被招聘进入国际公务员队伍，赴世界各国，到更加广阔的国际舞台上展现个人的才能，为各国人民服务，以自己的能力为人类发展做出更大的贡献。

拓展阅读

总部设在中国的国际组织（部分）

中国目前是许多国际组织的成员，也有一些国际组织的总部设在中国。这些总部设在中国的国际组织在各自领域内发挥着重要作用，为中国和其他国家之间的合作与发展做出了贡献，现简要介绍如下。

1. 上海合作组织

上海合作组织（Shanghai Cooperation Organization，SCO）是一家重要的国际多边组织，成立于 2001 年。该组织现有 9 个成员国。SCO 通过定期的峰会、部长级会议和工作组会议等形式，推动成员国之间的对话与合作。

上海合作组织的的总部设在北京。作为一个区域性和国际性的组织，SCO 在促进区域安全稳定、加强经济合作和文化交流方面发挥着重要作用，对于维护地区和平与发展具有重要意义。

2. 亚洲基础设施投资银行

亚洲基础设施投资银行（Asian Infrastructure Investment Bank，AIIB）于 2016 年正式成立，总部设在北京。其主要目标是支持亚洲地区的基础设施建设，从而促进区域经济发展和互联互通。该组织着重投资交通、能源、城市建设和环境保护等领域的项目，旨在提高亚洲及邻近地区的基础设施水平，以及推动区域经济可持续发展。

该组织强调在项目投资上的透明度、高效率和可持续性。此外，它还强调与现有的多边和双边发展机构（如亚洲开发银行和世界银行）的合作，避免重复建设和资源浪费。

3. 金砖国家新开发银行

金砖国家新开发银行（New Development Bank，NDB）是由金砖国家——巴西、俄罗斯、印度、中国和南非共同成立的多边发展银行，旨在支持金砖国家以及其他新兴市场和发展中经济体的基础设施和可持续发展项目。金砖国家新开发银行的总部设在上海。

该组织的主要职能是提供贷款、保证、股权投资等多种金融服务，用于支持各成员国的基础设施建设和可持续发展项目。

4. 世界旅游城市联合会

世界旅游城市联合会（World Tourism Cities Federation，WTCF）是一家国际非营利性组织，其总部设在北京。该组织的主要目的是促进全球旅游城市之间的交流与合作，提升城市旅游业的整体品质和竞争力。WTCF 致力于为成员城市及相关旅游机构提供一个交流平台，共享旅游发展经验，探讨旅游业面临的挑战，推动可持续旅游发展。

WTCF 的活动内容包括举办论坛、研讨会、展览和培训，出版旅游相关的研究报告，以及提供市场分析和政策建议等。这些活动旨在加强成员之间的信息交流，促进旅游资源的共享和旅游市场的共同开发。

5. 世界中医药学会联合会

世界中医药学会联合会（World Federation of Chinese Medicine Societies，WFCMS）是一家国际性的非政府组织，致力于促进中医药学的全球发展和传播。世界中医药学会联合会的总部设在北京，该联合会是由全球各地中医药学会、教育机构、研究机构和其他相关组织组成的国际性组织。

该联合会的主要目标是通过加强国际交流与合作，推广中医药的知识和实践。联合会组织各种学术交流活动、国际会议和培训课程，促进中医药的研究、教育和临床应用。同时，它也致力于中医药在国际标准化方面的工作，推动中医药的国际认可和应用。

6. 中国-东盟中心

中国-东盟中心是一家政府间国际组织，旨在促进中国和东盟在贸易、投资、旅游、教育和文化领域的合作，该国际组织总部设在北京。

中国-东盟中心的活动包括举办论坛和研讨会、提供信息咨询服务、促进文化和教育交流、支持旅游合作以及促进企业间的对接与合作。这些活动旨在加深中国与东盟国家的相互了解，提升双方在经济和社会发展上的合作水平。作为一个专注于区域合作的国际组织，中国-东盟中心在推动中国与东盟国家间的友好关系和互利合作方面扮演着重要角色，对于加强区域经济一体化和促进区域稳定与繁荣具有重要意义。

第三章

国际科技组织及其职员

国际科技组织是由各国政府或其他机构及个人共同组建的组织，旨在促进全球科技领域的合作与发展。

国际科技组织的职员来自不同国家和地区，有着科技领域的专业知识和经验。他们通常具备高度的专业技术能力和跨文化沟通能力。国际科技组织职员的工作范围广泛。他们从事科学研究和技术创新，推动科学进步和技术发展。他们还参与制定国际科技政策，与各国政府和国际机构合作，提供科技咨询和政策建议等。

国际科技组织及其职员的工作对全球科技发展和社会经济进步具有重要意义。他们的合作和努力有助于推动创新、解决全球性挑战，并促进科技在可持续发展中的应用。他们通过促进科技合作和交流，架起不同国家和地区之间的科技合作桥梁，共同推动全球科技进步。

第一节　国际科技组织

国际科技组织是全球范围内具有跨国性质的科学和技术领域的组织。这些组织致力于解决全球性的科技挑战，推动科学研究、技术发展和创新，以及在全球范围内分享知识和资源，促进全人类的科学与技术的进步。

一、国际科技组织的概念

国际科技组织，是指以从事科学研究、推动全球科学技术发展为目的的国际性社会组织，既有政府间国际组织也有非政府间国际组织，国际科技组织以非政府间国际组织居多。就全球科学领域来看，各类国际科技组织也随着全球化进程的不断深入而不断建构及拓展其影响力，在推动各国及地区科学技术水平的协调发展、协调优势力量共同解决重大科学难题进而促进经济社会发展等方面发挥着重要作用。可以预见，随着全球化、科技化时代的到来，科技外交将愈加成为各国在公共外交领域开展多边对话交流、夯实多边合作基础的重要手段。通过参与国际科技组织建设，科技外交不仅可以维护我国学术界自身合法权益、扩大我国学术界的国际影响，还可以获得国际学术领域的话语权；此外，通过与国际学术界交流学习互动，还可以帮助我国科研工作者及时掌握各学科发展前沿，迅速提升研究水平，推动我国科学研究与技术进步。

二、国际科技组织的类型

国际科技组织通常可以分为政府间组织、非政府组织和学术及研究机构。政府间组织由多个国家政府共同组成，如联合国教科文组织（UNESCO）（其标志见图 3－1）。非政府组织主要由民间力量发起和运营，如世界自然基金会（WWF）。学术及研究机构则以开展研究和培训为主要职责，如欧洲核子研究中心（CERN）。具体来说有以下几种类型。

图 3－1　联合国教科文组织标志

（一）政府间组织

政府间组织是通过政府间的条约或协议建立的，具有正式的结构，通常包括秘书处、管理机构和成员代表。例如欧洲航天局（ESA）和国际原子能机构（IAEA）。

（二）非政府组织

非政府组织是由特定科学或技术领域内具有共同兴趣的个人或团体组成的独立非营利实体。例如世界自然保护联盟（IUCN）和国际科学理事会（ICSU）。

（三）研究联盟

研究联盟由研究机构、大学和私营公司组成，共同开展特定科学或技术项目。例如人类基因组计划和大型强子对撞机（LHC）项目。

（四）专业协会

专业协会是由特定领域的专业人士组成的组织，旨在增加或转化科技成果，促进全球相关领域网络建设和制定行业标准。例如电气和电子工程师协会（IEEE）和国际教育技术协会（ISTE）。

三、国际科技组织的职责

国际科技组织的职责和使命因其类型和关注领域的不同而有所不同，主要的组织职责和使命有以下六个方面。

（一）研究与开发

许多国际科技组织积极参与其所在领域的前沿研究与开发，不断追求前沿科技，为人类创造新的知识，提供新的技术进步。

（二）政策制定和实施

国际科技组织通常在制定和实施与科技相关的全球政策和倡议方面发挥着作用，如联合国气候变化框架公约（UNFCCC）和世界知识产权组织（WIPO）等。

（三）能力建设和技术援助

还有些国际科技组织为成员的人员与科技工作者提供培训、教育和技术援助，帮助成员发展科学技术提高科研能力。例如国际电信联盟（ITU）和联合国粮食及农业组织（FAO，简称“联合国粮农组织”）。

（四）网络与合作平台

国际科技组织通常作为网络和合作平台，为研究人员、政策制定者和行业专业人士交流想法、分享最佳实践并共同开展项目提供帮助，这种科技合作平台为全球技术进步和科学发展提供了有力支撑。

（五）标准化与监管

一些国际科技组织负责制定和维护其所在领域的国际标准、指南和法规，如国际标准化组织（ISO）和国际电工委员会（IEC），这些国际科技组织为国际标准的制定提供了依托单位。

（六）信息传播

国际科技组织在促进全球科学发现和技术创新合作方面发挥着至关重要的作用。通过提供交流思想、资源和专业知识的平台，这些组织在应对全球紧迫挑战和促进可持续发展等方面做出了重大贡献。许多国际科技组织作为科学和技术信息的存储者和传播者，为研究人员、政策制定者和公众提供数据库、出版学术刊物和其他资源。

四、国际科技组织的作用

国际科技组织在全球科技发展和人类命运共同体建设中发挥着重要的作用。

第一，国际科技组织为全球科技创新提供了重要平台，帮助成员突破技术瓶颈，提高科技水平，促进科技进步。

第二，这些组织将全球各国的科研力量集中起来，共同应对诸如气候变化、能源短缺、生物多样性丧失等全球性挑战。

第三，国际科技组织有助于消除国家间的科技鸿沟，增进各国间的互信与合作，促进国际交流与合作，为全球科技发展贡献力量。

第四，国际科技组织将先进的科学知识和技术成果传播给全球范围内的科研人员、企业和公众，提高了全人类科技普及率和应用水平，为实现全球可持续发展目标提供关键支持。

随着全球化的加速发展和科技进步，国际科技组织将继续在全球范围内发挥积极作用，在全球科技创新和发展中具有不可替代的作用。

拓展阅读

总部设在中国的国际科技组织（部分）

中国作为全球科技创新的重要力量，已经吸引了众多国际科技组织在我国设立总部或分支机构。这些组织与中国的政府、科研机构和企业密切合作，共同推动科技进步和可持续发展。下面简要介绍几家总部设在中国的国际科技组织。

1. 国际氢能燃料电池协会

国际氢能燃料电池协会（International Hydrogen Fuel Cell Association，简称 IHFCA）是全球氢能燃料电池领域的专业科技组织，总部设在北京。该组织致力于推动氢能燃料电池技术的开发和应用，促进能源转型。其成员包括来自世界各国和不同区域的氢能、燃料电池和燃料电池汽车领域的协会、公司企业、高等院校、科研机构和行业组织等。

IHFCA 通过举办会议、研讨会、培训等活动，促进氢能燃料电池技术的交流与合作；通过制定标准、规范，促进氢能燃料电池技术的推广和应用；通过开展宣传、教育，普及氢能燃料电池知识，提高公众对氢能燃料电池的认识。IHFCA 为全球氢能燃料电池领域的交流合作提供了重要平台，是全球氢能燃料电池产业发展的重要推动力量。

2. 国际动物学会

国际动物学会（International Society of Zoological Sciences，简称 ISZS）是全球动物学领域的权威科技组织，总部设在北京。ISZS 致力于促进动物学研究和教育，推动动物保护。

ISZS 的成员包括来自世界各国和不同区域的动物学家、动物学组织和机构。ISZS 通过举办会议、研讨会、培训等活动，促进动物学研究成果的交流与合作；通过出版学术期刊和书籍，传播动物学知识；通过开展宣传、教育，提高公众对动物保护的认识。

3. 国际数字地球学会

国际数字地球学会（International Society for Digital Earth，简称 ISDE）是全球数字地球领域的领先组织，总部设在北京。国际数字地球学会以传播数字地球概念，推进和交流数字地球科学技术及其在社会和经济可持续发展中的应用，促进信息化，缩小数字鸿沟为宗旨。为人类合理利用自然资源，优化环境，保护文化遗产提供科学基础和理论支持；为建设生态文明，提高防灾应急反应能力，凝聚智慧和力量。

ISDE 的成员包括来自世界各国和不同区域的数字地球领域的机构、学者和企业。ISDE 通过举办会议、研讨会、培训等活动以及出版学术期刊和书籍等途径传播数字地球知识。

4. 国际软件工程师联合会

国际软件工程师联合会（International Federation for Information Processing，简称IFIP）是全球软件工程领域的专业组织，成立于1959年，总部设在北京。IFIP致力于促进软件工程研究和教育，推动软件产业发展。

IFIP的成员包括来自世界各国和不同区域的软件工程师、软件工程组织和机构。

5. 国际竹藤组织

国际竹藤组织（International Bamboo and Rattan Organization，简称INBAR）成立于1997年，是第一个总部设在中国的政府间国际组织。截至2023年7月，国际竹藤组织拥有48个成员国和5个观察员国。国际竹藤组织的宗旨是致力于利用竹藤资源提高社会、经济及环境的效益，通过竹藤产业帮助生活在有竹藤地方的人们消除贫困。

6. 世界机器人合作组织

世界机器人合作组织（World Robot Cooperation Organization，WRCO）是一个国际性、学术性的非营利社会组织。总部设在北京。

该组织由全球从事机器人研发、设计、生产和应用等的高等院校、科研机构、公司企业、国际组织等自愿组成。WRCO是在中国发起并成立的首个机器人合作组织，积极推动全球机器人领域的技术创新和应用发展。

7. 国际介科学组织

国际介科学组织（International Association for Interphase Science，简称IAIS）成立于2023年，总部设在北京。该组织致力于促进介科学领域的国际交流与合作，推动介科学的发展。

介科学是研究介质界面与界面现象的科学，涉及自然、工程和社会科学等多个领域。IAIS的成员包括来自世界各国和不同区域的介科学家、工程师和技术人员。IAIS通过举办会议、研讨会、培训等活动，促进介科学研究成果的交流与合作；通过出版学术期刊和书籍，传播介科学知识；通过开展宣传、教育，提高公众对介科学的认识。

8. 国际智能制造联盟

国际智能制造联盟（International Coalition of Intelligent Manufacturing，简称ICIM）成立于2023年，总部设在北京。该组织致力于促进全球智能制造领域的交流与合作，推动智能制造的发展。

ICIM 的成员包括来自世界各国和不同区域的政府、企业、研究机构和学术机构。ICIM 通过国际会议、论坛、交流互访、在线交流等，在智能制造基础技术研究、智能制造技术行业应用、智能制造标准对接、智能制造解决方案推广、智能制造最佳实践分享等方面开展对话和交流，促进智能制造领域的研究成果的交流与合作。

9. 联合国可持续农业机械化中心

联合国可持续农业机械化中心（UNCSAM）是联合国粮食及农业组织（FAO）的一个下属机构，成立于 1984 年。2002 年该中心将总部从泰国曼谷迁至北京。UNCSAM 致力于促进可持续农业机械化发展，以提高粮食和农业生产力，改善农民生活，保护环境。

UNCSAM 的成员包括来自世界各国的政府、企业、研究机构和学术机构。UNCSAM 通过举办会议、研讨会、培训等活动，促进可持续农业机械化领域的研究成果的交流与合作。

总部设在中国的这些国际科技组织不仅为中国带来了先进的科技理念和实践经验，还为中国的科研人员和企业提供了国际合作和交流的机会。随着中国在全球科技领域的地位不断提升，更多的国际科技组织和项目有望在中国落地，共同推动全球科技创新和发展。

第二节　国际科技组织职员

在全球化的今天，国际科技组织职员的作用日益凸显。他们不仅推动了科技的进步，也促进了全球的科技交流和合作。他们的工作直接影响了我们各方面的生活，包括医疗、教育、能源、环保等。通过他们的努力，我们能够利用最新的科技成果，解决各种挑战，提高生活质量。

一、国际科技组织职员的概念

国际科技组织职员（简称“职员”）是在全球范围内，参与各类国际科技组织科技研究与开发活动的人员。他们在不同的国际科技组织、研究机构、非政府组织中承担相应工作，以促进全球科技创新与应用。这些职员具备多元化的技能和背景，通常具有丰富的学术知识和实践经验。他们的工作涉及众多领域，如科学研究、技术研发、知识产权保护、政策制定、资金筹措、公共关系和人力资源管理等。

国际科技组织职员的工作性质是多元且复杂的。他们不仅需要对专业领域有深入的理解，还需对全球科技发展趋势和政策环境有清晰的认识。除此之外，他们还需要具备较强的沟通和协调能力，以便在全球范围内开展有效合作。

国际科技组织职员的角色和职责取决于他们所在的组织和职位。一般来说，他们的主要工作包括科学研究、项目管理、技术开发、数据分析、政策研究等。在科研方面，他们可能需要设计和执行研究项目，以探索新的科技知识和技术。在项目管理方面，他们需要协调和管理科技项目，确保项目按计划进行，并达到预期的目标。在技术开发方面，他们可能需要开发和优化新的技术解决方案，以应对各种科技问题。在数据分析方面，他们需要利用数据和统计方法，对科技问题进行深入分析，以支持决策和策略制定。在政策研究方面，他们需要研究和评估科技政策，提出政策建议，以促进科技的发展和应用。

二、国际科技组织职员的分类

国际科技组织职员是推动全球科技进步的关键角色。他们的工作涵盖了科研、技术开发、项目管理、数据分析和政策研究等多个领域。国际科技组织职员可以根据其专业领域、工作职能和职员级别进行分类。

（一）根据专业领域分类

国际科技组织职员按专业领域可以分为以下五类。

1. 自然科学与工程类

这类国际科技组织职员主要从事物理学、化学、生物学、地球科学等领域的科学研究和技术开发。他们可能是研究员、实验室技术员、项目负责人等。

2. 计算机科学与信息技术类

这类国际科技组织职员主要从事计算机科学、信息技术、网络安全、人工智能等方面的研究和开发。他们可能是软件工程师、数据分析师、人工智能研究员等。

3. 环境科学与可持续发展类

这类国际科技组织职员致力于环境科学、生态学、气候变化、可持续发展等领域的研究和政策制定。他们可能是环境科学家、气候专家、可持续发展顾问等。

4. 医学与生物技术类

这类国际科技组织职员从事医学、生物技术、药学等领域的研究和技术开发，如疾病治疗、疫苗研究、基因编辑等。他们可能是医学研究员、生物技术工程师、药物研发专家等。

5. 社会科学与人文学科类

这类国际科技组织职员研究与科技发展相关的社会、文化、伦理等方面的问题，如科技政策、创新管理、科技伦理等。他们可能是社会学家、经济学家、人类学家等。

（二）根据工作职能分类

国际科技组织职员按工作职能可以分为以下七类。

1. 科研与技术开发类

这类国际科技组织职员主要从事实验室研究、技术开发和应用等工作。他们通常具备深厚的学术背景和丰富的实践经验，负责推动科技创新和应用。

2. 政策研究与咨询类

这类国际科技组织职员关注全球科技政策的研究、制定和实施，为政策制定者提供专业建议。他们需要具备跨学科知识和敏锐的政策洞察力。

3. 项目管理与资金筹措类

这类国际科技组织职员负责国际科技合作项目的策划、实施和监控，同时寻求多元化的资金来源。他们需要具备项目管理经验和资源整合能力。

4. 国际合作与交流类

这类国际科技组织职员主要负责组织和协调国际科技合作与交流活动，如国际会议、研讨会和培训班等。他们需要具备跨文化沟通能力和组织协调能力。

5. 知识产权保护与技术转移类

这类国际科技组织职员关注科技创新成果的知识产权保护和技术转移问题，确保创新成果得到妥善保护和合理利用。他们需要了解知识产权法律法规和技术转移流程。

6. 公共关系与品牌塑造类

这类国际科技组织职员负责国际科技组织的公共形象和品牌塑造，与媒体、企业、学术界和公众保持良好沟通。他们需要具备传媒、市场营销和公关等方面的专业技能。

7. 人力资源管理与人才培养类

这类国际科技组织职员负责人力资源管理和人才培养工作，确保组织内部的人才得到充分激励和合理利用。他们需要具备人力资源管理、招聘和培训等方面的专业知识。

（三）根据职员级别分类

国际科技组织职员按职员级别可以分为以下四类。

1. 高层管理类

这类国际科技组织职员在国际科技组织中担任高级领导职务，如国际科技组织的秘书长、总监等。他们需要具备跨领域知识、战略思维和领导力。

2. 中层管理类

这类国际科技组织职员在国际科技组织中担任中级管理职务，如国际科技组织的项目经理、部门主管、研究组长等。他们需要具备专业知识、管理经验和团队协作能力。

3. 基层专业类

这类国际科技组织职员在国际科技组织中承担具体工作，如研究员、技术员、行政助理等。他们需要具备专业技能和执行力。

4. 实习生与志愿者

这类国际科技组织职员通常是学生或其他对国际科技合作感兴趣的人士，通过实习或志愿服务参与国际科技组织的日常工作。他们可以在实践中提升自己的专业技能和跨文化沟通能力。

国际科技组织职员可以根据其专业领域、工作职能和职员级别进行分类。这些分类反映了国际科技组织的多样性和复杂性，以及在全球科技合作和发展中所扮演的关键角色。在实际工作中，许多国际科技组织职员可能需要在不同领域和职能之间灵活转换，以满足组织发展的需要。通过携手共进，国际科技组织职员为促进全球科技创新、应用和共享做出了积极贡献，推动了可持续发展，为全球谋求了福祉。

三、国际科技组织职员的职责

国际科技组织职员有许多不同的职责。本书从研究、开发、策划、实施、合作、管理和沟通等十个方面简要介绍国际科技组织职员的职责。

（一）从事研究与开发

国际科技组织职员负责各个科技领域内的研究与开发工作。他们不仅要关注前沿科技趋势，还要进行深入研究以了解其对全球经济和社会的影响。此外，职员还需为成员国和利益相关者提供技术支持与咨询服务。

（二）开展策划与实施项目

国际科技组织职员负责策划和实施各种科技项目，以推动科技进步并解决全球性问题。项目的策划涉及识别目标、规划项目、申请资金和招聘团队成员。项目的实施则包括监督和管理项目进展，确保项目按时按质地完成，并评估项目的成果和影响。

（三）推动国际合作与维持伙伴关系

为了推动全球科技发展，国际科技组织职员需与其他国家和国际组织保持紧密合作。职员需要与成员进行对话与协商，以确保在政策制定、研究与开发、项目合作和技术转让等方面达成共识。

（四）提供知识产权与合规事务

国际科技组织职员需确保国际科技组织在知识产权和合规方面的相关法规得到遵守。这包括监督知识产权的申请与保护、处理知识产权纠纷及确保项目合规。

（五）促进教育与培训

国际科技组织职员负责组织和实施各种教育与培训项目，以增加成员国在科技领域的人才储备。教育与培训项目包括举办研讨会、培训班、在线课程和实践项目，为成员提供必要的知识和技能。

（六）提供信息与资源共享

国际科技组织职员需确保成员国能够获取并共享关键的科技信息和资源。这包括创建和维护一个知识库，用于存储和检索研究报告、技术文档、政策建议等。职员还需要促进国际间的数据共享，使各国能够更有效地开展科技合作。

（七）积极宣传和推广科技组织

国际科技组织职员负责宣传和推广其在全球范围内的科技成就和创新。这包括撰写新闻稿、组织发布会、参加展览和研讨会等。通过与媒体、政府和企业的合作，职员可以增加公众对科技发展的关注和认识。

（八）组织筹款与开展资金管理

国际科技组织职员需要寻找和争取各种资金来源，以确保国际科技组织的正常运行和项目实施。这包括向政府、企业和其他组织申请资金支持。同时，职员还要对组织的财务状况进行监管，确保资金的合理分配和有效利用。

（九）进行有效评估与科学监测

为了确保国际科技组织的活动和项目取得预期效果，国际科技组织职员需对其进行持续和有效的评估和科学监测。评估过程包括分析项目的成果、影响和可持续性，以及调查利益相关者的满意度。监测工作则要求职员关注全球科技发展趋势，以便及时调整组织战略和政策。

（十）实施组织内部管理与沟通

国际科技组织职员还要负责组织内部的管理和沟通。这包括维护和优化组织结构，确保工作流程的高效运转。在沟通方面，职员需要与其他职员保持良好的协作关系，并向上级领导汇报工作进展。

四、国际科技组织职员的薪酬

国际科技组织职员的薪酬与福利因组织性质、地区、职位和经验等多种因素而有所不同。总体来说，国际科技组织通常会提供具有竞争力的薪酬和福利，以吸引和留住具备专业知识和技能的人才。以下是国际科技组织职员可以享受到的一些薪酬与福利。

（一）基本薪资

国际科技组织为职员提供具有竞争力的基本薪资，通常会考虑职员的教育背景、工作经验、职位及所在地区的生活成本等因素。某些组织可能还会根据职员的绩效和贡献调整薪资和提供奖金。

（二）保险与退休福利

许多国际科技组织会为职员提供全面的保险计划，包括健康保险和人寿保险等。此外，组织还可能提供退休福利（如养老金计划），以帮助职员规划退休生活。

（三）假期

国际科技组织通常会提供一定数量的带薪年假、病假和产假等假期。此外，组织还可能提供其他形式的假期，如学术假、哺乳假和家庭照顾假等，以支持职员在工作和生活方面达到平衡。

（四）学术与职业发展

为了支持职员的学术和职业发展，国际科技组织可能会提供教育和培训津贴，以便职员参加会议和培训课程。此外，组织还可能提供内部晋升和职位调整的机会，以鼓励职员在组织内持续发展。

（五）出差津贴与培训支持

国际科技组织的职员可能需要参与国际合作项目或执行跨国任务。为了支持这些活动，国际科技组织通常会提供出差津贴，包括交通费用、住宿费用和日常生活津贴等。此外，国际科技组织还可能提供一定的语言培训和文化适应支持，帮助职员更好地应对国际工作环境。

（六）弹性工作安排

为了满足职员不同的工作需求，许多国际科技组织提供弹性的工作安排，如弹性工作时间、远程办公等。这有助于职员在满足工作要求的同时，照顾个人和家庭生活。

（七）搬迁与安置支持

对于需要搬迁到其他国家或地区工作的职员，国际科技组织可能会提供搬迁津贴和安置支持，如协助寻找住房、提供临时住宿、协助处理签证手续等。

（八）社交与网络机会

在国际科技组织中工作，职员将有机会结识来自世界各地的同行和专家。这将有助于拓展职员的人际关系和专业网络，提高职员在科技领域的影响力和知名度。

国际科技组织为职员提供的薪酬与福利，有助于确保职员在承担重要职责时保持高效的工作状态，同时也在一定程度上反映了国际科技组织对职员的关注和支持。具体的薪酬与福利可能因组织类别、地区、职位和经验等因素而有所不同。

第三节 国际科技组织实习生

国际科技组织实习生（以下简称“实习生”）是当前全球科技领域内正在成长的年轻人，他们拥有较高的教育背景、较强的专业技能和良好的个人品质。实习生在国际科技组织实习期间可以学习专业知识，提高实践能力，拓展人际网络并增进对不同文化的理解。这种实习经历对实习生未来的职业发展具有重要影响。参加国际科技组织实习项目，不仅能让有潜力的青年才俊为全球科技发展做出贡献，还能助力他们成为未来领导者和行业专家。

一、国际科技组织实习生概述

随着全球化的快速发展，越来越多的国际组织在不同领域崛起，为人类发展做出了诸多贡献。在科技领域，国际科技组织发挥着更为至关重要的作用，它们致力于推动创新、知识共享及增进人类福祉。为了更好地实现这一目标，这些组织需要招募一批具有潜力的年轻人，让他们通过实习的方式参与国际科技组织的建设与运转，在实习期间成长为优秀的科技人才。国际科技组织实习生就是这些有才华、有热情并愿意投身于国际科技发展事业的年轻人。

国际科技组织实习生的角色和职责因组织类型和实习项目不同而不同。一般而言，国际科技组织实习生主要参与国际组织的科研项目，支持组织日常运营，完成国际科技组织特定任务等。

国际科技组织实习生选拔过程通常严格而公正，以确保选拔出最有潜力的实习生。选拔标准因组织不同而有所差异，但通常包括教育背景、专业技能、语言能力和个人品质几个方面。

参加国际科技组织实习项目对实习生的成长具有重要意义。实习生在国际科技组织实习过程中，可以深入了解全球科技领域的最新发展，提高自己的专业素养，为未来职业生涯打下坚实基础。实习生在完成国际科技组织实习任务的过程中，可以锻炼自己的实践能力，提高解决问题的能力和应变能力。此外，实习生在实习期间有机会结识来自世界各地的相近专业的科技工作者和著名学者，通过完成国际组织的任务与他们建立良好的人际关系，为未来的职业生涯和国际合作奠定基础。

二、国际科技组织实习生的工作内容

国际科技组织实习生的工作内容因组织性质、实习岗位和项目需求不同而不同。通常来说，国际科技组织实习生的主要工作内容可以分为以下几个方面。

（一）参与科技研究和项目开发

国际科技组织实习生往往需要参与组织内的科技研究和项目开发工作，与专业人士共同完成科技创新任务。这些任务可能涉及实验设计、实验操作、数据收集与分析、研究报告撰写和成果展示等。

（二）协助项目管理与协调内部运作

实习生可能需要协助项目负责人和团队成员进行项目管理与协调内部运作。主要工作内容包括制订项目计划，监控项目进度，评估项目风险，协调项目资源以及编写项目报告等。

（三）协助国际科技组织的日常运营

实习生在国际科技组织中需要为组织的日常运营提供支持。这可能包括组织与协调会议、整理与维护文档资料、更新组织网站信息、协助市场宣传与推广等。这些工作既可以让实习生熟悉组织的运作机制，又可以培养他们良好的工作习惯和时间管理能力。

（四）参与政策分析与制定

部分国际科技组织实习生需要参与政策分析与制定工作，以便为政府或组织提供科技政策建议。实习生可能需要进行市场调查、数据分析、政策评估等工作，以便为组织提供有关科技领域的政策建议。通过这些工作，实习生可以了解政策对科技发展的影响，并提高自己的分析和决策能力。

（五）进行技术支持与培训

实习生可能需要为组织提供技术支持与培训，如开发和维护软件系统、提供硬件设备的技术支持以及为团队成员提供相关技能培训等。这些工作使实习生能够在实际操作中提升自己的技术和能力，为将来从事技术领域的工作打下基础。

（六）跟进科技动态与趋势

实习生需要跟进最新的科技动态与趋势，了解科技领域的发展方向。这可能包括阅读相关领域的学术文章、跟踪行业新闻和动态、撰写科技前沿观察报告等。通过这些工作，实习生可以掌握行业动态，为未来从事相关领域的工作做好准备。

国际科技组织实习生在实习期间承担着多样化的工作内容。从参与研究和开发项目到提供技术支持与培训，再到参与政策分析与制定等，这些工作可以使实习生深入了解科技领域的最新发展、提高实践能力、拓展人际网络、增进对不同文化的理解并积极开展职业规划。实习生需要在工作实践中不断学习、成长，并为国际科技发展贡献自己的力量。

三、对国际科技组织实习生的资助

国际科技组织实习生项目通常会为参与者提供一些资助。这些资助有助于降低实习生在实习期间的生活和学习成本，促使更多具有潜力和热情的年轻人参与到这些实习项目中来。资助的具体形式和金额因组织和项目而异，下面介绍几种常见的资助形式。

（一）奖学金

许多国际科技组织会设立奖学金项目，为实习生提供一定数额的经济支持。奖学金金额因组织而异，根据实习生的学术成绩、实践能力、特长等综合评定。

奖学金一般可用于支付实习期间的生活费、学费、住宿费等。

（二）生活津贴

部分国际科技组织会为实习生提供生活津贴，以帮助他们应对实习期间的日常开销。生活津贴一般以月为单位发放，金额因实习所在地的生活成本不同而有所差异。生活津贴可以用于支付实习生的伙食费、交通费、通信费等日常开销。

（三）住宿补贴

实习生在实习期间需要住宿。部分国际科技组织会提供住宿补贴，帮助实习生承担租房或宿舍的费用。住宿补贴的金额和发放形式可能因组织而异，有些组织可能会直接为实习生安排住宿，而有些组织则会按照一定标准发放住宿补贴。

（四）交通补贴

实习生在实习期间可能需要承担往返实习单位的交通费用。部分国际科技组织会提供交通补贴，帮助实习生支付往返实习单位的交通费用。交通补贴的金额和发放形式因组织而异，可能以实际发生费用的报销形式进行，也可能按照一定标准发放固定金额的交通补贴。

（五）培训和发展支持

为了促进实习生在实习期间的学习和发展，部分国际科技组织会提供培训和发展支持。这包括组织内部的培训课程、讲座、研讨会等活动，以及资助实习生参加国际会议、培训课程等外部活动。这些培训和发展支持有助于实习生增加自己的专业知识和提高技能，为未来的职业发展打下坚实基础。

（六）实习期间的医疗保险

部分国际科技组织会为实习生提供实习期间的医疗保险。这些医疗保险通常会覆盖实习生在实习期间可能遇到的意外伤害、疾病等医疗费用。通过提供医疗保险，组织帮助实习生应对实习期间可能遇到的健康问题，保障他们的权益。

（七）优秀实习生奖励

为了激励实习生在实习期间努力学习和工作，部分国际科技组织会设立优秀实习生奖励。优秀实习生奖励通常会根据实习生的表现、贡献和成果进行等级评定，奖励形式可能包括证书、奖金或其他形式的荣誉。优秀实习生奖励有助于鼓励实习生更加努力地投入实习工作中，为国际科技发展贡献自己的力量。

以上这些资助旨在降低实习生在实习期间的生活和学习成本，为他们提供一个良好的学习和工作环境，使他们能够充分发挥自己的潜力和热情，更好地完成国际科技组织交给他们的任务。

INTERNATIONAL ORGANIZATIONS

第四章

国际科技组织职员招聘

国际科技组织当前已成为科技进步与全球合作的重要桥梁。对于这些组织来说，招聘合适的职员不仅意味着能提高组织效率，还能为全球科技发展注入新的活力。国际科技组织职员的招聘不仅是为了满足组织的短期需求，更是为了实现长远的科技目标和全球愿景。正确的人才选择可以为组织和全球科技发展带来深远的影响。当今世界面临诸多问题，如气候变化、疾病流行、资源短缺等。国际科技组织招聘具有专业知识和创新能力的职员，可以为解决这些全球问题提供有效的人才保障。

国际科技组织职员的招聘流程，通常包括发布招聘信息、应聘者申请、应聘者的资格审查、应聘初筛、笔试、面试、录用与入职等环节。

第一节 国际科技组织职员招聘条件

当前，随着国家间科技互动、全球化的日益深入，数以万计的国际科技组织成为推动国际社会的重要力量之一。它们在推动各国科技的合作、交流，进而促进经济社会发展、解决全球性科学难题方面发挥着重要的作用。由于组织性质和承担任务的特殊性，国际科技组织对职员的入选条件也相对较高，不同科技组织、不同岗位和任务对人员的要求各有侧重，一般来说招聘的条件主要包括以下内容。

一、专业技能要求

专业技能是国际科技组织职员完成组织任务、达成项目目标的最为重要的条件，概括来说国际科技组织对职员的专业技能要求有以下几个方面。

（一）教育背景

国际科技组织通常要求应聘者具有与应聘岗位相关的学术背景。硕士或博士学位获得者会被优先考虑，但具有相关领域的学士学位和工作经验者也会予以考虑。

（二）工作经验

拥有相关领域的工作经验将有助于应聘者提高竞争力。一般来说，具有 3～5 年相关工作经验的应聘者将更具备竞争力。实习、志愿者活动和项目经验也会被认为是有价值的工作经验。

（三）技能和专长

国际科技组织职员需要具备一定的技能和专长。这可能包括掌握编程语言、数据分析方法、实验室技能、研究方法等。具备多种技能和专长将有助于应聘者脱颖而出。

（四）语言能力

国际科技组织通常要求应聘者具备良好的英语沟通能力。此外，掌握其他语言（如法语、西班牙语、阿拉伯语等）将会增加应聘者的竞争力。

二、其他技能要求

国际科技组织职员除了需要完成组织交给的专业性任务之外，还需要完成项目执行、团队沟通等各类任务。因此，其他技能要求也是国际科技组织职员招聘的重点。简单来说，其他技能要求有以下几个方面。

（一）跨文化沟通能力

在国际科技组织中工作，工作人员需要具备良好的跨文化沟通能力，以便与来自不同国家和拥有不同文化背景的同事和伙伴进行有效合作。

（二）团队合作和领导能力

应聘者需要具备团队合作和领导能力，以便在组织内部协调资源、推动项目进行和解决问题。

（三）环境适应能力

国际科技组织的工作环境可能需要应聘者在短时间内适应新的技术、工具和工作方法。因此，快速学习和适应能力对于应对国际科技组织岗位带来的挑战是至关重要的。

（四）工作许可和旅行能力

应聘者需要具备在国际组织所在国家工作的合法身份。此外，根据工作需要，应聘者可能需要具备出差或长期驻外工作的能力。

三、招聘的条件

下面以世界卫生组织职员招聘为例，具体展现国际科技组织职员招聘的条件和要求。该组织要求应聘人员必须具备下列条件。

（1）应聘者应具备高水准技术知识，大学毕业、有专业研修或同等学力；认同并致力于世界卫生组织的政策与项目（世界卫生组织公布的工作方向和总任务有 13 个目标可供选择）。

（2）应聘者应具备良好的分析能力，对公共卫生事业有强烈的兴趣。

（3）应聘者应能够适应在跨文化氛围浓厚的团队中工作。

（4）应聘者应具有与该工作相关的国家工作经验或国际工作经验，可以是从事医疗管理的工作人员或者流行病学、公共卫生、环境卫生、卫生科学、卫生统计、卫生经济、政策分析等方面的专业技术人员，也可以是财务、人力资源、信息、法律、行政管理方面的专业人员。

（5）应聘者除母语外，至少精通联合国的六种正式语言（阿拉伯语、汉语、英语、法语、俄语、西班牙语）之一。

从世界卫生组织招聘条件可见，国际科技组织既重视学历，又重视实际工作经验。专业人员一般要求硕士或者博士毕业，而一般工作人员通常从当地招聘，也同样要求有工作经验，在学历方面也有一定的要求，语言要求与业务人员基本相同。

其他类型的国际科技组织对职员招聘的要求大同小异，主要区别在于专业技术上的要求。对国际科技组织实习与任职有志趣的人员要熟悉意向单位的具体招聘要求。

拓展阅读

国际热核聚变实验堆（ITER）职员要求

国际热核聚变实验堆组织对职员的专业性、技术性要求特别高，因此该组织在进行招聘时的首要考虑是为 ITER 项目招聘到在效率、技术能力和诚信方面处于最高标准的人员。（注：类似工作的丰富经验和/或相关领域的额外培训证书可能会补偿较低的教育水平。）一般来说，具备高等教育经历，有硕士、博士学历的申请者将更容易获得应聘机会。

ITER 组织处于跨国环境中，未来的工作人员必须能够应对文化差异和采用各种方法解决问题和决策。除了拥有均衡的个性和良好的沟通技巧外，他们还应该享受文化多样性。以前在跨文化工作环境中积累的经验有利于获得职位，流利的英语是 ITER 组织的工作语言。

［信息来源：国际热核聚变实验堆（ITER）网站（https：//www. iter. org/jobs）］

第二节　国际科技组织职员招聘途径

国际科技组织职员的招聘方式和其他国际组织类似，分为理事会选取任命和公开招聘两种方式。然而大多数职员通常还是通过公开招聘的方式进入国际科技组织的。主要招聘途径有三条，简述如下。

一、面向社会公开招聘

国际科技组织类别、岗位类别和级别不同的职员，招聘的具体办法亦不相同。一般来说，国际科技组织专业及其以上职类人员会面向社会公开招聘，机构内一般工作人员大多从总部所在地招聘。国际科技组织如果有岗位空缺或设立新职位时，一般会在自己网站上予以公布；个人应聘者需要履行相关的报名手续，通过竞聘才能被录用。国际科技组织职员招聘的流程相对固定。一般是本人申请，并提供个人的情况资料，国际科技组织会组织专门人员对报名者进行资格审查，资格审查通过后就会进行面试、笔试等环节，具体招聘流程将在下一节详细讲解。

联合国系统的科技组织职员除了首席行政首长（各机构的主要负责人）由会员代表大会选举产生外，其他职员大部分通过公开招聘方式产生，然而也有极少部分是该组织行政首长任命的。

二、政府借调制度

政府借调形式聘任主要是指由会员国向国际科技组织提供专项自愿捐款，用于支持本国推荐的借调人员。从各国政府借调人员，这种做法在第一次世界大战后成立的“国际联盟”聘用职员时采用过。有些国家早已实践多年。例如，日本政府通过自愿捐款，派年轻官员到世卫组织，在商定的岗位（大部分是 P5）上任职二三年，然后回国。若干年后，有的人员应聘回到世卫组织担任更高职务，甚至被任命为司长乃至助理总干事。2004 年 5 月，我国与世卫组织签订合作备忘录，选拔推荐年轻有为的同志，借调到世卫组织。有的同志在结束借调后被录用为正式职员。除此之外还有签署特别协定的借调。这种聘任职员的方式类似于借调制度，但采取的方式不同。有的国家与世卫组织签署协定，提供专项自愿捐款用于从该国选拔国际职员。世卫组织照章公布岗位空缺，实际录用的是该国针对每个空缺职位提交的三个候选人之一，世卫组织保留聘任的决定权，聘用的职员大多在非洲国家、非洲地区办事处工作。

通过政府借调制度聘任国际组织职员的途径在联合国中最为常见，也是联合国认可的职员聘任途径之一。《联合国宪章》第 100 条明确规定了国际公务员不得请求或接受本组织以外任何政府或其他当局之训示，同时，也要求各会员国尊重秘书长及办事人员责任之专属国际性。但自联合国成立以来，某些国家政府出于对国际冲突、政府更替或者国家安全的考虑，一直力图使联合国接受本国的观点和立场，在秘书处人事安排问题上也是如此。对此，秘书处会在两方面应对来自会员国的不同压力：一方面处理不同会员国国籍的国际公务员的选拔与任用问题，另一方面处理国际公务员与国际公务员国籍所在国家间关系及国际公务员职责的问题。

可见，这些关系的处理涉及复杂的权利与义务的关系以及不同利益主体的利益。作为一个将全球近两百个国家凝聚起来的国际组织，联合国对全球优秀人才的需求是相当大的。除了配合此需求而建立的竞争性的国际公务员聘任制度外，联合国内还存在这种极为重要的政府借调的聘任方式。它的一般做法是，某一国向联合国推荐在本国政府部门任职的国家公务员，若被推荐的当事人自己愿意被借调到联合国任职，并且联合国秘书处愿意接受这位借调人员，则三方达成一致。在此情况下，借调人员与本国政府、联合国签订三方合同，合同期限是定期的，只要三方无异议，合同期满可续签，但不能自动延期。

联合国职员政府借调的征聘方法最早源于冷战时期。因苏联政府无法接受联合国公务员只忠诚于联合国的原则，故要求苏联公民只能通过政府推荐的途径到联合国任职，这只是特殊环境下的妥协方法。而后因为大国希望对联合国增加影响力，加之联合国对资质优秀的高级职员的需求增加，政府借调逐渐被经常化、正式化。目前，政府借调已成为联合国人事制度的一个重要组成部分，联合国大会多次决议都肯定了它的积极作用。联合国第 51 届大会重申，向会员国政府借调人员符合《联合国宪章》第一百和第一百零一条精神，而且对本组织和会员国都有益，并促请秘书长酌情在更大范围内继续这一做法。

通过政府借调制度而实现的会员国对联合国秘书处部分职位的“占有”，在一定程度上保障了联合国秘书处中各国力量的平衡和地域普及。在联合国秘书处成立之初，常任理事国曾达成默契：秘书长由中立国人士担任，五大国不参与。但在初期，联合国急缺高素质的人才，经济、文化发展较好的美英国家几乎垄断了秘书处。这与《联合国宪章》第一百零一条第三款的规定“征聘办事人员时，于可能范围内，应充分注意地域上之普及”相冲突。因此，一方面，输出本国人才到联合国重要岗位有利于会员国增加影响力、开展工作；另一方面，多国对秘书处部分职位的持续控制，在平衡了秘书处常任理事国与非常任理事国力量的同时，也增加了人员分布的地域普及性，保持了秘书处工作团队的国际性。同时，多年来经费问题一直是困扰联合国发展的一个难题，在各方面节省开支、充分利用会员国提供的资源也成为联合国开源节流的重要方法，这其中就包括会员国的人力资源。秘书处内高级职位需要高素质且经验丰富的外交人员，通过政府借调制度联合国能够更加便利地低成本地网罗人才，也避免了因岗位空缺而影响联合国的正常工作。

三、各类公开考试和招聘项目

国际科技组织还可以通过公开考试和招聘项目的方式录用职员。有志从事国际科技组织工作的应聘者可以参加各类公开考试或者参加相关招聘项目，通过以上两种途径进入国际科技组织。

联合国系统的科技组织职员主要通过以下 5 种渠道公开招聘国际组织职员，具体介绍如下。

（一）青年专业人员项目（Young Professionals Programme，简称 YPP）

该项目的前身为国家竞争考试。1979 年联合国决议，举办竞争性招聘考试，作为招聘 P1～P2 人员的方式之一。联合国根据地域分配名额，在有关国家举办考试，选拔后备人员，待岗位空缺时选聘。2010 年后该项目成为最常规的人员招聘途径。该项目每年举行 1 次考试，旨在为联合国招募年轻的专业人员。该项目也是青年科技人才进入联合国系统科技组织最重要的途径。

（二）语言竞争性考试（Language Competitive Examinations）

该公开考试是专门为联合国挑选 56 岁以下的具备联合国官方语言能力的工作人员，语言竞争性考试根据联合国职位需要不定期举行，入选者将为联合国工作至少 5 年。

（三）志愿者项目（Volunteer Program）

该项目专门招募 25 岁以上大学本科毕业，有两年工作经验，且英语、法语、阿拉伯语或西班牙语流利的人使之加入联合国系统，在世界上 130 多个国家开展为期 6 个月的志愿服务工作。每年大约有来自 160 个不同国家的 8000 余名志愿者参与；志愿者本身并非联合国系统的正式员工，联合国系统将为志愿者提供必要的交通费用、医疗保险、安顿费用和基本生活补助，更为重要的是这类志愿者项目将为志愿者提供丰富的联合国工作经验和国际组织工作经历。

（四）实习生项目（Internship Program）

实习生项目专门为在读的本科生、硕士生、博士生或毕业不到一年的学生提供近距离了解联合国系统各组织日常工作、参与联合国高层会议的机会。该项目要求学生具备流利的英语或法语使用能力，能在联合国工作 2～6 个月。在读学生还能通过联合国的实习获得相应的实习学分，但联合国不为实习生提供任何经费支持，实习生必须自己承担交通、保险及各项日常生活开销。目前我国对大学生赴国际组织实习有一定的支持政策，具体政策支持见本书的第六章。

（五）临时性工作项目（Temporary Jobs）

临时性工作项目是为那些希望尝试或体验联合国工作，但尚未决定要加入联合国系统的人提供的一个参与联合国工作的平台。申请临时性工作的人一般与联合国相关部门签订 1 年期以内的工作合同，如遇到特殊情况，临时性工作项目合同也可以延长至 2 年，但一般不会超过 2 年工作期。

第三节　国际科技组织职员招聘流程

在职员“招聘”的概念中，所谓的“招”是指通过一定的招募渠道发布职员招聘信息，筛选合适的应聘人，形成一个“应聘人蓄水池”；而“聘”是指面试官通过各种方式考核应聘人，在最优的时间和成本下实现人与工作的匹配，最终选出岗位最佳应聘者，也就是在合适的时间为合适的岗位寻找到合适的人选。

职员招聘是整个组织人力资源管理工作的基础，是组织获取合格人才的渠道，是组织生存和发展的基石。一般来说，组织的招聘都有一个固定的流程。和其他企业或者社会组织一样，国际科技组织招聘也有固定的程序和流程，应聘国际科技组织职员的应聘者必须清楚地知道应聘的条件、招聘的流程和相关规定，以便成功入职国际科技组织，为全人类科技进步贡献力量。

国际科技组织职员招聘流程（图 4－1）主要包括制订招聘计划，发布招聘信息，应聘者申请，整理筛选应聘信息，制定面试工作流程，笔试，面试，通知合格者和录用与入职等。

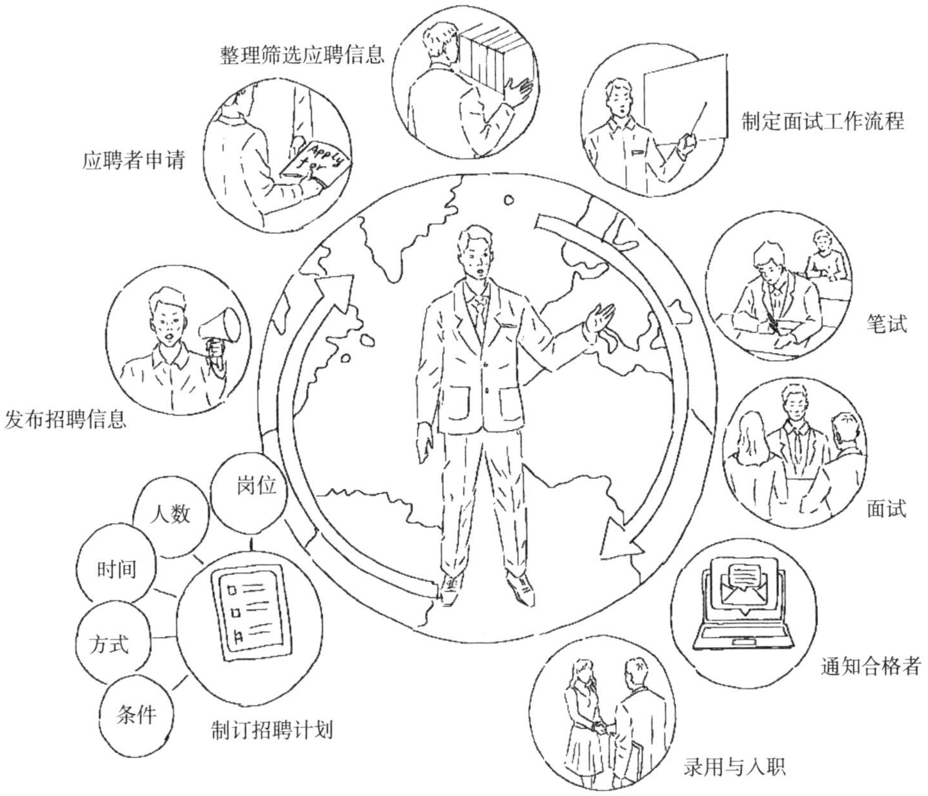

图 4－1　国际科技组织职员招聘流程图

一、发布招聘信息

国际科技组织根据组织发展的需要通过各种媒体及其他渠道向外发布职员招聘信息。目前国际科技组织发布职位信息的渠道主要是网络。各科技组织在自己的网站或者联合国人力资源网站上发布招聘信息。一般来说，招聘信息基本包含了该国际科技组织对这一岗位应聘者的具体要求。招聘信息主要包括招聘岗位、人数、时间、方式、应聘者条件等内容。应聘者要时常关注自己青睐的国际科技组织网站。本书的第八章介绍了部分国际科技组织，可供读者查阅。

二、应聘者申请

这一流程主要是应聘者根据国际科技组织招聘信息准备进行应聘的过程。一般来说，应聘者要登录国际科技组织网站或者联合国人才管理平台（Inspira 平台）建立自己的账户，并上传自己的申请表或者简历。下面以联合国职员应聘申请为例，详细介绍国际科技组织应聘者要经过的申请步骤。

联合国人才管理平台是应聘者应聘联合国系统科技类组织必须要使用的平台，申请人必须在联合国人才管理平台 Inspira 上创建账户才能申请空缺岗位。在 Inspira 中创建账户很容易。

（一）创建账号

打开“https：//Inspira. un. org”，点击“在此创建账户”（Create account here），如图 4－2 所示。

图 4－2　inspira 平台登录界面

接着输入应聘者的姓名、密码、主要电子邮件地址和出生日期。注意账户一旦创建，出生日期便不能更改。点击“注册”（Register）。系统将自动创建用户名。用户名将通过电子邮件发送给申请人，为了更为方便地使用，建议申请者单独写下来以便参考。

（二）登录 Inspira，更新用户资料信息

创建或获得账户后，输入用户名（User ID）和密码（Password），点击“登录”（Login）。第一次登录时，申请人应点击 Inspira 主页顶部的“我的个人资料”（My Profile）来更新个人资料。在提交求职申请之前，申请人必须填写“我的个人资料”（My Profile）中必填项目。个人资料上传界面如图 4－3 所示。

图 4－3　个人资料上传界面

在“国籍和居所”（Nationality & Residence）栏，除非申请人是现职雇员，否则就要上传一份载有照片及个人资料的护照个人资料页的副本。若没有护照，申请人可提供另一种旅行证件或有照片的身份证。个人证件资料上传界面如图 4－4 所示。

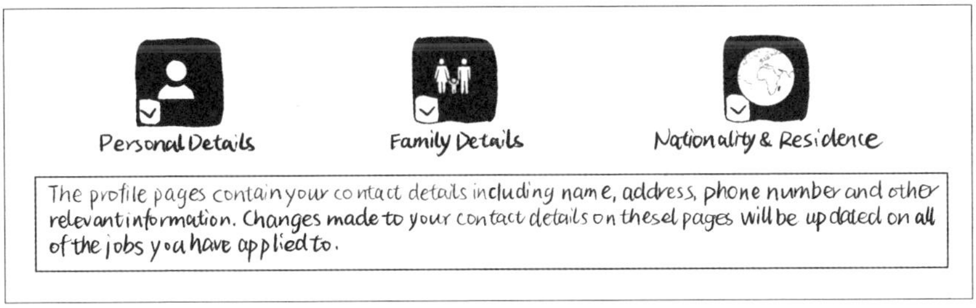

图 4－4　个人证件资料上传界面

申请人必须确保其电话号码、电子邮件地址和实际地址等联系信息是最新的，以便征聘管理人通过电话和电子邮件及时联系到申请人。申请人可以根据账户类型通过图 4－5 所示界面更新联系信息。

外部账户持有人：我的个人资料（My Profile）→个人资料（Personal Details）

雇员账户持有人：主菜单（Main Menu）→自助服务（Self Service）→个人

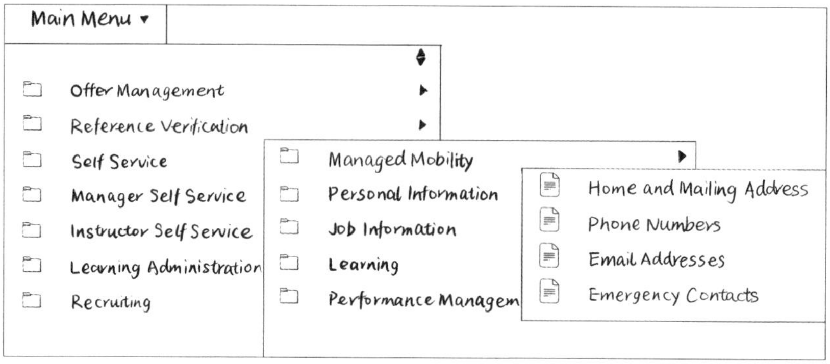

图 4-5 账户持有人信息界面

信息（Personal Information）

经过这些步骤，联合国人才管理平台 Inspira 账户基本创建完毕，申请者可以进行职位申请步骤了。

（三）空缺岗位的申请

在申请过程中，申请人将被要求提供有关其教育背景、工作经验、语言能力和其他资格、知识和技能的详细资料和文件。申请人必须在申请中详细说明其本人符合空缺岗位的具体条件。国际科技组织可通过自动筛选、人工审查及其他评价方法筛选申请人。

申请人如果对某个空缺职位感兴趣，应特别关注该职位在教育背景、工作经验、语言和能力方面的具体标准。国际科技组织鼓励申请人在申请职位空缺时，至少达到"规定"标准，且以往曾展现出所要求的相关能力。"规定"标准是国际科技组织关于空缺岗位必须考虑的标准。"极为理想"或"理想"的标准则不是硬性标准。不过，在选拔申请人进入入围名单时，可能有必要适用部分或全部的理想标准。申请人还应注意空缺岗位对能力的要求。为了评估申请人是否具备这些能力，国际科技组织可能要通过各类评价和评估方法，包括通过胜任能力面试对申请人进行评估。

（四）开始申请

申请人可以在 Inspira 中创建一份不与任何具体空缺岗位挂钩的申请草稿。点击 Inspira 主页顶部的"我的申请"，然后点击右上角的"创建申请草稿"。要开始申请特定空缺岗位，请在联合国职业门户网或 Inspira 的该空缺岗位页面点击"立即申请"。申请人可以复制草稿或复制以往提交过的申请，更新其中的信息，以便创建适合当下申请的特定空缺岗位的新申请。互联网连接不稳定、无法在线完成申请者，可先离线填写申请。国际科技组织通常鼓励申请人，特别是名册候选人尽早申请。公告期间，为填补特定职位而发布的空缺岗位可由事先核准可供甄选的名册候选人予以填补。空缺岗位通知的公告期结束后，不再接受任何申请。

三、应聘者的资格审查

应聘者递交申请后就会进入资格审查阶段。资格审查一般是先填写表格然后进行电子资格审查，也有部分国际科技组织采用人工方式进行应聘者资格审查。资格审查的目的是将不符合岗位要求的申请者排除在招聘人员范围之外。

申请者要特别注意招聘信息中的岗位说明书，因为岗位说明书是申请资格筛选的基础。对于国际科技组织职位的申请者来说，尽管不同职位的要求不同，但在初筛时有些标准是统一的。例如年龄，是否有犯罪记录，语言能力，工作年限，等等。此外，联合国或其他国际科技组织都不鼓励来自同一家庭的家庭成员同时就职，除非他（她）不但完全合格，而且双方不在同一部门工作，工作相互不影响，但是这一情况往往很少出现。

四、应聘初筛

经过资格审查后，符合岗位要求的应聘者还要经过征聘管理人的应聘初筛。应聘初筛主要是对通过资格审查的申请人开展初步评价，并根据空缺岗位的具体标准建立一份申请人入围名单。

入围的申请人可能受邀参加笔试、演示、技术测试、知识面试、胜任能力面试等各类形式的评估。评估通常安排在指定日期和时段。那些不回复邀请，或无法通过电子邮件或电话及时取得联系，或不参加评估的申请者，都将被取消资格，因此国际科技组织应聘者在填写完申请表后一段时间内要时刻关注自己的邮箱或者电话，以免错过笔试或者面试通知。此外，国际组织对申请人的规范意识要求很高，申请人应遵照所有应聘要求。不遵照相关要求的申请人，包括错过答复截止日期的，可能失去资格。如有作弊，将立即取消申请人的资格，不再予以考虑。

五、笔试

一般来说，国际科技组织对求职应聘者都设有笔试环节，尤其是联合国系统的国际科技组织，绝大多数会对应聘者进行笔试。以青年专业人员项目（YPP）

为例，联合国在全球各地设立了很多考点，考生可以选择就近的考点参加笔试。

YPP 考试的主要内容包括一般论文和专业论文。

（一）一般论文

该测试适用于所有联合国 YPP 考试，与申请者选择申请的领域无关，它评估被认为国际公务员必须具备的各种能力，例如书面沟通技巧、对联合国的理解、推理和逻辑技能等。从 2020 年联合国 YPP 版本开始，一般论文不再是摘要写作测试，而是一项多项选择测试，有法语和英语两个版本。测试的内容主要包括四个方面：一是关于国际关系和当前全球问题的一般知识；二是联合国的结构、运作方式和任务；三是联合国寻求的价值观和能力；四是逻辑分析能力。

（二）专业论文

这类试卷分为两个不同的部分，旨在测试与考生具体申请领域相关的学科的大量知识。

第 1 部分：多项选择题（MCQ）——问题数量可变（最多 50 个），具体取决于考生申请的考试领域。考生必须在考试的第一阶段参加此考试。

第 2 部分：构建式回答项目——开放式问题，问题数量可变（最多 13 个）和答案长度（有些可能需要长达数页的回答，并有建议的字数限制）。专业论文有英文和法文两个版本，一些开放式问题可以用六种联合国官方语言中的任何一种回答。

虽然笔试分为两个不同的部分（普通测试和专业测试），但此过程的各个阶段并不遵循相同的划分逻辑。

阶段 1：一般论文＋第 1 部分专业论文（两个部分 MCQ）；

阶段 2：第 2 部分专业论文（构建响应项目）。

另外，从 2020 年开始，只有每个国家（每个考试区域）的“前 60 名”申请人才能参加笔试的第 1 阶段。最多 40 人进入考试的第 2 阶段。

联合国 YPP 考试通过在线测试平台进行。被邀请参加此阶段选拔过程的考生要确定并确保自己能够完成考试。联合国将向受邀参加考试的人提供有关在线考试平台的更多信息。每年，联合国都会根据当年宣布的考试通知，为考生发布建议阅读清单。阅读更多信息请参考联合国相关网站。所有笔试考试都将由联合国的专门人员进行匿名批改。

笔试成绩是决定能否入职国际科技组织的重要一环。只有通过笔试测试后，申请者才能进入面试环节。

六、面试

面试的目的是根据申请人以往的行为和业绩考察其能力，从而考察申请者对应聘岗位的适合度。

通过笔试的申请者将被邀请参加面试，应聘者通常会提前5～7个工作日获得面试通知，有的国际科技组织会更早告知应聘者面试通知。面试通知一般包括面试的具体时间、地点、方式及面试官的名字等详细信息。国际科技组织的招聘面试一般用英语或法语进行，也有的国际科技组织面试时使用中文。

面试主要考察候选人的动机、胜任力和执行力，如计划与组织能力、团队合作能力等。在面试过程中，考官还要对国际科技组织的应聘者的专业知识进行考察。面试可以是面对面的考察，也可以是电话面试或视频面试。随着网络技术的发展，目前很多国际科技组织的面试都是通过视频方式进行的。

应聘者在进行面试前，要做好以下准备工作：

一是申请人应熟悉空缺岗位所规定的各项能力指标，思考自己在以往的哪些事例中充分展现出了这些能力指标，以便回答考官的问题。

二是面试小组会要求申请人举例说明他们曾展现出上述能力，特别是说明他们是如何处理或应对某个情况或某项任务的。面试小组也可能会要求申请人就一些能力既举出正面的例子，又举出反面的例子。这些问题被称为行为性问题。为进一步了解申请人的行为，面试小组还可能会提出评估性问题和比较性问题。另外，面试小组还可能提出一些探究性或跟进性的问题，直至能够充分考察申请人的能力。国际科技组织职员应聘面试常见题目见表4-1所列。

表4-1　国际科技组织职员应聘面试常见题目

题目类型	题目说明
行为性问题	请举一个例子，说明……。请描述一个你不得不……的情形，你是如何应对的？
评估性问题	你从团队成员那里收到了哪些反馈？关于你在这个项目中所起的作用，你收到了哪些反馈？
比较性问题	在领导力方面，与周围人相比，是哪些能力让你脱颖而出？在你的以往团队工作经历中，哪一次经历是最值得称道的？为什么？
探究性/跟进性问题	接下来发生了什么？你在团队中的具体职责是什么？

此外，对于通过视频方式面试的应聘者，还要注意以下几点。

（一）仪容仪表

在进行面试的时候一定要注意面部干净整洁，女生最好化淡妆，男生更要保持面部和头发的整洁。

（二）场所选择

面试场所方面，最好选择书房，或者采光良好、背景简单、环境安静的室内。背景最好是纯色墙壁，光线要柔和一些。不要选择强光，更不要让自己逆光，不然面试官无法看清你的容貌。

（三）设备调试

在视频设备选择上，可以选择笔记本电脑、台式机、平板、手机。不管哪种设备，都需要保证运行流畅、电源充足、没有电话打扰。在音频设备的选择上，入耳式耳机、半入耳式耳机、蓝牙耳机、头戴耳机、音箱都是比较好的选择。但蓝牙耳机在面试中可能会出现断开连接的问题，头戴耳机可能会影响应聘者形象，音箱可能会产生回音且杂音较多，因此最好还是使用入耳式耳机，这样能够清楚地听到面试官的问题。

（四）画面呈现

设备调试好后，接下来要模拟面试时的画面呈现。切忌用自拍和直播的角度。平视最好，调整摄像头，使之稳定地对着自己。保证头、肩均在画面内，且头顶、肩侧都有四分之一的留白。在视频面试时最好不要使用“美颜”功能，因为“美颜”功能容易让面试官产生误解。

（五）熟悉平台

目前，很多软件公司都推出了远程视频面试平台或者会议平台，例如腾讯会议、zoom、Skype、Webex等平台都是国际科技组织经常使用的视频面试软件。在正式面试之前，应聘者一定要提前熟悉面试平台、软件，并熟悉一些常见问题的处理办法。

七、录用与入职

根据笔试、面试结果，国际科技组织人力资源部门会核准入选人员名单，并报送有关管理部门审批，随后将通过电子邮件的方式告知所有的应聘者考试结果。通常入选人员的数量与国际组织所需职位的数量之比是1.1∶1，入选人员成为国际科技组织职员的概率很高，但这并不意味着入选人就一定能成功获得国际科技组织的职位。国际科技组织会通过电子邮件、电话、网站通知等方式告知被录用者的录取结果。入选人如果在 2 年内仍没有获得合适的职位，一般情况下其入职资格将自动失效。

正式入职后，一般情况下国际科技组织会对初入职人员进行一系列的入职培训，以帮助初入职者尽快适应国际科技组织的工作。通常来说第一份合同期限为 2 年，2 年后国际科技组织根据入职者的工作表现决定是否续聘。

拓展阅读

国际热核聚变实验堆（ITER）计划招聘信息

Career Opportunities: Head of Engineering Services Department IO0131(7182)

Requisition ID 7182-Posted 01/11/2023-France, 13067 St Paul Lez Durance Cedex-Managerial-New Posting

The ITER Organization brings together people from all over the world to be part of a thrilling human adventure in southern France—building the ITER Tokamak. We require the best people in every domain.

We offer challenging full-time assignments in a wide range of areas and encourage applications from candidates with all levels of experience, from recent graduates to experienced professionals. Applications from under-represented ITER Members and from female candidates are strongly encouraged as the ITER Organization supports diversity and gender equality in the workplace.

ITER Organization (IO) is an Equal Opportunity organization committed to diversity in the workplace, with diversity and inclusiveness being one of the ITER Values.

As IO attracts and retains people coming from a vast array of different backgrounds and cultures, bias and exclusion cannot be tolerated. The IO believes it is our diverse perspectives and backgrounds that gives unique strength and value to the ITER mission, regardless of race, member nation, gender, religion, status, sexual orientation, or disability-all are welcome and respected at ITER.

Our working environment is truly multi-cultural, with 29 different nationalities represented among staff. The ITER Organization Code of Conduct gives guidance in matters of professional ethics to all staff and serves as a reference for the public with regard to the standards of conduct that third parties are entitled to expect when dealing with the ITER Organization.

The south of France is blessed with a very privileged living environment and a mild and sunny climate. The ITER Project is based in Saint Paul-lez-Durance, located between the southern Alps and the Mediterranean Sea—an area offering every conceivable sporting, leisure, and cultural opportunity.

To see why ITER is a great place to work, please look at this video.

Application Deadline: 21/01/2024
Department: Engineering Services Department
Job Family: Line Management and Group Leaders
Job Role: Head of Department
Job Grade: DDG
Language Requirements: Fluent in English (written & spoken)
Contract Duration: Up to 5 years

Purpose

As ITER Head of the Engineering Services Department (ESD), you will lead and manage the engineering resources, competences, and capacity to support the Director-General (DG) and Construction Project Leader (CPL) of the ITER Organization (IO) to achieve the ITER Project's objectives.

This includes acting as Engineering Resource Provider for the ITER Project, hence ensuring the availability and proper competence level of the engineering manpower of the organization.

This work is performed in accordance with the relevant rules and regulations of the ITER Project, and aligned with the precise technical baseline management and engineering activities requirements for assembly, installation, integrated commissioning, and operation phases.

You will represent the organization internally and externally at a senior level, modelling the "one Project-one team" spirit of the Project in a matrix organization to streamline engineering transversal functions, as well as deputizing for the DG when requested.

Background

The ITER Organization (IO) was established in 2007 by a formal agreement among seven Members (People's Republic of China, European Union, Republic of India, Japan, Republic of Korea, Russian Federation, and United States of America), for the joint implementation of the ITER Project. The ITER Headquarters is located at the ITER Project Site in St Paul-lez-Durance, France, and its staff of over 1,000 people come from the seven ITER Members.

ITER's mission is to demonstrate the scientific and technological feasibility of fusion energy for peaceful purposes, an essential feature of which would be achieving sustained fusion power generation.

The IO is an international independent legal entity, which as the Design Authority and Owner-Operator of the ITER facility is responsible to the French Nuclear Safety Authority (ASN) for compliance with all French laws and regulations that govern nuclear safety. The IO and its industrial contractors are presently engaged in the overall construction of the ITER facility, which is truly a "mega-Project" that involves not only an enormous scale of civil construction, but also the assembly and installation of various contributions of technically sophisticated components, mostly first-of-a-kind, and equipment provided by the ITER Members.

Once the ITER facility commences research operations, the IO will transition to being responsible for carrying out, together with researchers from the seven Members, the ITER Research Planto achieve its science and technological mission.
As part of the 2023 re-organization of the IO structure, a Construction Project has been created, which has the prime responsibility for delivery, assembly and installation engineering scopes. The Engineering Services Department (which currently has only one Division-the Design Office) is envisaged in the near future as the global engineering resource provider, on a matrixed basis, to the Construction Project.

Key Duties, Scope, and Level of Accountability

- Develops the strategy for overall engineering activities, in close collaboration with senior management team in accordance with Project strategy;
- Manages capacity and provides engineering resources to the Construction Project Leader;
- Provides effective leadership ensuring that managers and team members are motivated and constantly developing their skills and experience;
- Develops, maintains and shares engineering expertise on ITER, jointly with DAs, to prepare for the future phases of the ITER Project;
- Coordinates engineering support in mechanical and plant areas, defining and maintaining CAD strategy for the Project (processes, infrastructure, resources, production, collaboration with Domestic Agencies (DAs), and QA/QC) to provide services based on Project's priorities;
- Exercises strategic vision and sets major priorities for the IO from an engineering perspective;
- Fosters further collaboration and integration between the IO and Members' DAs in the spirit of "one Project-one team";

- Responds to emerging issues and opportunities with timely, pragmatic, and effective solutions;
- Analyzes and alerts the DG promptly on any issues that would jeopardize the on-time accomplishment of major construction schedule milestones, scope, or impact on quality and nuclear safety requirements, while implementing appropriate risk mitigation strategies for the Project in a pragmatic and proactive manner;
- May be required to work outside IO reference working hours, including nights, week- ends and public holidays.

Measure of Effectiveness

- Provides solid leadership, builds up and manages the team to maximize human capital/people's commitment to achieving the Project's goals;
- Manages efficiently the overall engineering resources within the defined quality, scope, cost and schedule needed to construct the ITER facility;
- Contributes to the solution of high level technical and quality control issues;
- Actively represents and propagates the spirit of "one Project-one team" and ensures a highly collaborative approach with the IO seniormanagement and DAs leaders in order to manage and propel the whole ITER Project forward;
- Prioritizes standards of performance, anticipating and solving major issues of engineering activities;
- Models the values and vision of the ITER Project including expectations from the Code of Conduct.

Experience & Profile

- *Professional Experience*:
  - Demonstrated engineering capacity in the field of design and construction of complex engineering facilities;
  - Proven experience at senior management level within large construction, scientific or technical projects;

- Demonstrated experience in the implementation of a matrix organizational structure in the context of a construction project;
- Ability to obtain and maintain French Security clearance.

- *Education*:
  - Master's or PhD degree or equivalent in Engineering (Mechanical, Electrical, Nuclear, or equivalent);
  - The required education degree may be substituted by extensive professional experience involving similar work responsibilities and/or additional training certificates in relevant domains.
- *Language requirements*:
  - Fluent in English(written and spoken).
- *Technical competencies and demonstrated experience in*:
  - Management of project(s) engineering resources in a matrixed organization;
  - Change and transformation including identifying, influencing, setting strategy, and leading implementation;
  - Design and construction of complex research infrastructures, preferably in the nuclear field;
  - Large construction project(s) with multi-national collaboration;
  - Inclusive leadership(maintaining healthy working environment), with a high level of headship for motivating and developing staff;
  - Creating an inclusive environment that promotes cross-functional analysis and effective decision-making so that leaders are empowered to place decision-making at themost appropriate level; Building strong partnerships and working collaboratively and positively with all stakeholders, being a force of proposal and solution-oriented to reach consensus in large nuclear, fusion, fission or highly technical projects in compliance with quality, safety, security and technical applicable standards;
  - Coordinating and overseeing complex construction projects from design to operation phases while providing effective leadership and management structures in international or intergovernmental settings;

    - High-level skills for strategic negotiations involving internal and external partners, including the ability and willingness to solicit and consider varying inputs and opinions, and to make appropriate recommendations and decisions;
    - Driving a project culture that underpins and maintains safe and secure working conditions, and enforces the highest standard of safe, healthy, and secure work practice;
    - Technical knowledge of Tokamak machine, fusion, and relevant facilities would be considered a strong advantage.
- *IO Core Behavioral Competencies*:
    - Collaborate: Ability to facilitate dialogue with a wide variety of contributors and stakeholders;
    - Communicate effectively: Ability to adjust communication content and style to deliver messages to work effectively in a multi-cultural environment;
    - Drive results: Ability to persist in the face of challenges to meet deadlines with high standards;
    - Manage complexity: Ability to analyze multiple and diverse sources of information to understand/define problems accurately before making proposals;
    - Instill trust: Ability to apply high standards of team mindset, trust, excellence, loyalty and integrity.
- *Additional Behavioral Competencies*:
    - Proven top-level executive managerial skills characterized by approachability, accessibility, openness/transparency, personal integrity, persuasiveness, and the charisma to inspire loyalty of his/her subordinates and reach consensus with stakeholders;
    - Courage: stepping up to address difficult issues, saying what needs to be said;
    - Decision quality and accountability: using judgment to make timely decisions to move the organization forward, holding self and others ac-

countable to meet commitments;

- Drive engagement, vision and purpose: creating a climate where people are motivated to do their best to help the organization achieve its objective, by painting a compelling picture of the vision and strategy that inspires others to action;
- Organizationally savvy: maneuvering comfortably through complex policy, process, and people related organizational dynamics to remove obstacles that affect Project's performance, move work forward, and engage teams and stakeholders at all levels;
- Strategic mindset: seeing ahead to future possibilities and translating them into breakthrough strategies.

The following important information shall apply to all jobs at ITER Organization:

- Maintains a strong commitment to the implementation and perpetuation of the ITER Safety Program, and ITER Values (Trust; Integrity; Excellence; Team mind set; Diversity and Inclusiveness);
- ITER Core Technical Competencies (Knowledge of these competencies may be acquired through on-board training at basic understanding level for all ITER staff members):

  1) Nuclear Safety, Environment, Radioprotection and Pressured Equipment

  2) Occupational Health, Safety & Security

  3) Quality Control & Quality Assurance Processes
- Implements the technical control of the Protection Important Activities, as well as their propagation to the entire supply chain;
- May be requested to perform other dutiesin support of the project as defined by your line manager, and when relevant upon the request of the matrix manager;
- Informs the IO Director-General or Department Head of any important and urgent issues that cannot be handled by line management and that may jeopardize the achievement of the Project's objectives.

- For staff expected to perform on-call, shift hours, or other work outside ITER Organization reference working hours, including nights, weekends, and public holidays, the possession of a driving license valid in France is required. No commuting vehicle will be provided by the ITER Organization.

[以上招聘信息来自国际热核聚变实验堆（ITER）计划网站（https://www.iter.org/jobs）。]

第四节　国际科技组织职员的权利保障

国际科技组织职员是国际公务员中的一种，是在国际组织中工作的公务员。国际科技组织职员身份具有特殊性，也就意味着各个国家的劳动法律法规不适用于他们。如果职员对科技组织不满，他们不能将案件提交给相关国家法院。

为了更好地保障国际科技组织职员的应有权利，联合国和其他国际组织还专门制定政策，从制度上保障国际科技组织职员应当享受的福利和权利。国际公务员制度委员会和国际公务员协会联合会就是国际科技组织职员权利保障制度中最具代表性的两个职能部门。

一、国际公务员制度委员会

国际公务员制度委员会（International Civil Service Commission，简称ICSC）是联合国系统内负责处理国际公务员制度事务的专门机构。ICSC于1974年成立，由联合国大会设立，其任务是制定和维护联合国系统内的国际公务员制度，以确保公务员的选拔、任命、薪酬和福利等方面的公正和公平。国际公务员制度委员会成立的背景可追溯到二战后的国际秩序重建。联合国及其相关机构发展壮大，这对国际公务员制度的统一、公正和有效管理提出了迫切要求。1974年，联合国大会决定成立ICSC，旨在通过独立专家的参与，确保国际公务员制度的公正性和合理性。

ICSC 由 15 名独立的专家组成，他们在国际公务员制度领域具有广泛的经验和专业知识。这些专家由联合国大会选举产生，任期为 4 年，他们的工作是无偿的。委员会成员代表着各个联合国会员国，并应确保委员会的代表性和广泛性。ICSC 的主要职责是制定和维护联合国系统内的国际公务员制度，并为联合国系统内的成员组织提供政策指导和建议。

ICSC 的创建旨在促进联合国系统内的组织能够共享和采用共同的人事管理政策和制度，以保证各个机构能够以公平、一致的方式吸引、留住和激励人才。此外，通过标准化的公务员制度，ICSC 也有助于提升联合国系统内的工作效率。其主要工作内容和职责主要包涵 6 个方面。

（一）薪酬和福利

ICSC 负责制定和推荐联合国系统内公务员的薪酬和福利政策。这包括确定公务员的薪资水平、规划各种福利计划，以及审查和调整这些政策以反映国际劳动市场的变化。

（二）职业发展和培训

ICSC 负责确保联合国的员工能够获得足够的机会进行职业发展和培训。这可能包括推荐新的培训计划、提供职业发展的指导，以及建议如何最有效地利用现有的资源和机会。

（三）绩效评估和管理

ICSC 负责协助联合国和其下属机构设计和实施绩效评估和管理系统。这通常包括确定评估标准、制定评估流程，以及确保评估结果能够公平、公正地用于决定公务员的升迁、奖励和惩罚。

（四）人事政策和规程

ICSC 负责制定和修订联合国的人事政策和规程。这可能包括关于聘用和解雇的规定、关于休假和福利的规定，以及其他与公务员职业生涯有关的事项。

（五）公平和一致性

ICSC 负责确保所有的联合国公务员都能够受到公平和一致的待遇。这包括公平地对待所有员工的工资、待遇和职业机会，并确保所有的政策和制度都能够公正、一致地执行。

（六）咨询和建议

ICSC 为联合国秘书长和各下属机构提供咨询和建议。这可能包括就具体的人事问题提供专业意见，或者就改进公务员制度提供建议。

ICSC的主要任务是为联合国及其下属机构提供一套公正、一致和有效的公务员制度。通过其工作，ICSC有助于确保联合国系统内的公务员以最高效、最公正的方式为全球的和平、安全和发展做出贡献。目前这一套制度也被很多国际科技组织所采用。

[以上关于ICSC的信息主要来源于ICSC官方网站：http：//icsc. un. org/]

二、国际公务员协会联合会

国际公务员协会联合会（Federation of International Civil Servants' Associations，简称FICSA）是一个国际性的非营利性组织，其主要使命是保护和维护联合国及其专门机构以及其他国际组织的国际公务员的权益。

FICSA成立于1952年，总部设在瑞士日内瓦。此组织的成员包括各类国际组织的职员协会和工会，覆盖全球广大的国际公务员。FICSA致力于在全球范围内推动公务员权益保护的国际劳工标准的实施，并协助各成员协会在各自的组织内推动这些标准的实施。

FICSA的工作内容和职责主要有以下六个方面。

（一）人力资源管理

在人力资源管理方面，国际公务员协会联合会不仅对人力资源管理提出建议并进行调查、监督，同时还将对自己员工的管理纳入人力资源管理这一工作职能中。国际公务员协会联合会在人力资源管理方面所履行的职能是较为全面的，既为相关人事制度的制定给出建议，又通过监管等手段辅助保障国际公务员的相关权利。

国际公务员协会联合会在人力资源管理的工作中确保合同的执行，特别是短期合同的执行；对所有员工进行工作评价的机制进行监督，致力于促进招聘与选拔中的信息共享；努力促进人事任命和晋升程序中的信息交换并促使员工参与到有关人事任命和晋升的委员会中；参与绩效管理与绩效评估，努力实现职员个人职业的全面发展；对组织的工作时间及假期制度进行监督并且提倡实行弹性工作时间制，对跨部门甚至跨机构的人事调动进行监督调查。

（二）职员-管理人员关系

国际公务员协会联合会在多个层面对职员-管理人员关系进行监督管理并向有关执行委员会提出建议。这些方面具体包括有关协商与谈判的劳动关系方面、有关伦理准则与行为标准的道德层面、有关举报人保护的举报方面、有关职员培训与发展的职员权利的代表方面、有关职员管理的相关战略发展的组织体制改革方面。

（三）社会保障

国际公务员协会联合会除了参与国际组织人事制度的设计，同时也努力加强国际公务员所享有的社会保障与福利方面的权利保障。关于养老金，FICSA 设立了专门的议题，来针对货币贬值对养老金的影响和离婚双方之间的利益分配问题，以及国际公务员购买额外的养老金及相关投资等行为进行调查讨论；关于长期的医疗保险，国际公务员协会联合会对联合国各组织的医疗保险政策进行收集并且对有关信息进行交流；关于员工福利，FICSA 对旷工、工伤、长期护理政策及长期护理保险制度的实行都进行了强力的支持，以保证这些制度得到有效的执行。

（四）职员权利

国际公务员协会联合会认为国际公务员同其他公务员一样，应具有相同的权利与自由，它的这项观点基于联合国所通过的《联合国宪章》《世界人权宣言》及其他与人权有关的国际法律文书。它还认为国际公务员应享有国际劳工组织所制定的国际劳工公约里所规定的权利。

（五）工资与津贴

在日常工作中，国际公务员协会联合会经常对国际公务员任职的当地工资市场进行调研，以保证国际公务员获得适当的工资；它对相关国际组织及成员的工作进行评价以保证职员的待遇及发展；在对工资市场及工资水平进行调查之后，国际公务员协会联合会保证所有岗位的国际公务员都能获得应有的工资；对国际公务员所经历的职位调动以及调动后的工资变化等也将参与监管并提出自己的意见。

（六）职员安全

由于机构部门设置及本身规模问题，国际公务员协会联合会对于职员的安全，无法像其他工作（如工资、人事等）那样进行深入的调查并着手进行保护，但它仍然在这方面做出了自己的努力。

FICSA 是一个全球性的公务员权益保护组织。通过其工作，FICSA 为联合国及其专门机构以及其他国际组织的公务员提供了重要的保障，有助于维护他们的权益，并提高他们的工作满意度和效率。

拓展阅读

国际公务员的主要权利

An international civil servant has the right, among others, to:

- Fair, equal and respectful treatment
- Staff representation and participation in joint staff-management bodies
- A transparent and fair internal justice mechanism
- Recourse and appeal to an internal appeals board and an Administrative Tribunal
- A safe, healthy and secure and harassment free working environment
- A contract with defined duration and terms of employment
- An up-to-date post description defining duties and tasks
- A period of orientation to a new post
- Timely and objective assessment of performance
- Advancement and promotion commensurate with the satisfactory discharge of duties and the evolution of the level of their functions
- Participation in the definition and modification of your employment conditions through your staff representatives
- Remuneration in accordance with the Organization's statutory right to recruit, retain and motivate staff of the highest competence and integrity
- Certificate of service upon satisfactory completion of contract
- Medical insurance
- Participation in a pension scheme
- Compensation for illness and injury attributable to performance of duties
- Indemnification for loss of personal property on duty travel
- Designated number of holidays
- Sick, annual, maternity, special and study leave (paternity and parental leave is not yet available in all organizations)
- Per diem, travel costs and terminal expenses on official duty travel
- Compensation upon termination due to a reduction in staff

- Access to personal files
- Evacuation from the duty station during a security crisis

Source: COMMUNICATION 14/19/E/F

[信息来源于网站（https://ficsa.org/about-ficsa/who-we-are.html）]

拓展阅读

FICSA 关于职员权利保障的文件

国际公务员协会联合会最主要的职能就是保障国际公务员应得的权利。权利的保护通过几个较为重要的文件来实现，下面对其中两份重要文件进行简单介绍。

1.《纽约宣言》

《纽约宣言》(The New York Declaration) 是关于保障国际公务员的独立性与权利的文件。《纽约宣言》为国际公务员所享有的权利做出了声明与规定。按照《纽约宣言》，国际公务员享有结社自由。所谓结社自由具体指两方面：一是国际公务员有权利自由、自愿组建和加入协会、社团；二是对国际公务员有权利通过相关员工协会或者工会来集体协商他们的工作条件。

2.《哥本哈根宣言》

《哥本哈根宣言》(The Copenhagen Declaration) 是国际公务员协会联合会在其成立 60 周年的 2012 年，在哥本哈根提出的。《哥本哈根宣言》以对《联合国宪章》的重申为基础，进行了多项声明，用以保护国际组织职员的权利。其主要内容：一是确保各部门以达成《联合国宪章》为目的进行密切合作；二是促进对国际公务员独立性的保护与发展；三是按照国际人权标准与国际劳工标准来捍卫国际公务员的权利。另外，《哥本哈根宣言》对《纽约宣言》中所提到的国际公务员的权利进行了强调。

第五章

国际科技组织职员的综合素养

国际科技组织职员的综合素养是指他们在跨国科技领域工作中所需具备的综合能力和素质。综合素养包括以下三个方面。

在职业素养方面，国际科技组织职员应具备高度的职业操守和道德观念。他们应遵守职业道德规范，秉持诚实、公正、透明的原则，保持专业的工作态度和责任心。职业素养还包括良好的沟通能力、协作能力和问题解决能力。

核心素养是国际科技组织职员不可或缺的素质。他们需要具备广泛的科技知识和专业技能，对当前和未来科技趋势有深入了解。他们应具备深厚的学术背景和扎实的专业能力，能够进行科学研究、技术创新和项目管理。

全球胜任力亦是国际科技组织职员的重要素养之一。他们需要具备跨文化沟通和合作的能力，能够与来自不同国家和拥有不同文化背景的人合作；还应具备领导能力和国际交流技巧，以推动国际科技合作，解决全球性科技问题。

第一节 职业素养

职业素养是指员工在职场工作中表现出来的一系列符合职业规范和职业道德的态度、行为、技能和知识。它是国际科技组织职员综合素养的核心内容之一，也是国际科技组织职员职业成功和职业发展的重要基础。本节主要介绍普通职员的职业素养。

一、职业素养概述

职业素养是指一个人在职业领域中所展现出的道德操守、职业道德和职业行为规范。概括地说职业素养包含以下几个方面：职业道德、职业知识与技能、职业态度、职业沟通能力及团队合作能力。前三项是职业素养中最基础的部分；而后两项是支撑职业生涯的内容，通过学习、培训比较容易获得，在工作实践中日渐成熟，是比较重要的职业素养。

职业道德是职业素养的核心要素之一，是指在职业活动中应该遵守的行为规范和价值观。职业道德包括诚实守信、勤奋敬业、尊重他人、遵守规章制度、保守职业秘密、尊重知识产权等方面的规范。

职业知识与技能是职业素养的重要组成部分，是指职业人员所掌握的与职业相关的专业知识和技能。职业人员需要不断学习和更新自己的职业知识和技能，以保持自己在职场中的竞争力和专业水平。

职业态度是指职业人员对待工作和职业的态度和心态。职业人员应该保持积极的工作态度，对工作有热情和责任心，对待同事和客户应该友善、礼貌和耐心。在工作中应不断追求进步，不断提升自己的工作绩效和工作质量。

职业沟通能力是指职业人在工作中与同事、客户、上级等相关人员沟通交流的能力。职业人应善于倾听他人的意见和建议，并能够清晰、准确地表达自己的意见和想法。

职业团队合作能力是指职业人在团队合作中能够积极参与、有效沟通和协调合作的能力。职业人应积极与团队成员合作，共同完成工作任务，互相支持、理解和尊重。

二、职业素养的意义

职业素养对个人职业发展具有重要意义，主要表现在以下四个方面。

（一）提高个人职业竞争力

职业素养的提升能够提高个人的职业竞争力，增强自身在职场中的竞争力。具备良好职业素养的人能够受到雇主的重视和青睐，在职业发展中更具成功的基础。

（二）增加职业发展的机会

具备良好职业素养的人在职业发展中更容易获得机会。职业素养高的人在工作中能够得到雇主和同事的认可和支持，更容易获得职业发展的机会和资源。

（三）提高职业满意度和工作质量

职业素养的提升能够提高个人的职业满意度和工作质量。具备良好职业素养的人在工作中表现会更出色，能够更好地完成工作任务，从而获得职业上的成就感和自豪感。

（四）维护个人的职业形象和声誉

良好的职业素养能够帮助个人维护职业形象和声誉。具备良好职业素养的人在工作中更容易获得信任和尊重，建立良好的职业形象和口碑。

三、职业素养的内容

职业素养涵盖职业道德、专业态度、沟通能力和人际关系等多个方面。它对个人的职业发展和组织的成功都起到了重要的作用。

（一）职业道德

职业道德是指在职业活动中应该遵守的行为规范和价值观。职业道德的核心是对职业责任和职业操守的尊重和遵守，它不仅影响着个人的职业生涯，也影响着整个社会的进步和发展。

职业道德具有客观性、普遍性和规范性。它不仅对职业人员自身有要求，还对职业活动的各方面有规范作用。职业道德的内容主要包括诚实守信、勤奋敬业、尊重他人、遵守规章制度、保守职业秘密、尊重知识产权和回报社会等方面。

1. 诚实守信

诚实守信是职业道德的核心要素之一，它是职业人员应该具备的基本品质。职业人员应该始终遵守承诺和约定，不撒谎、不欺骗、不违背职业道德和职业操守。在与客户和同事的沟通交流中，职业人员能要真实、清晰、准确地表达自己的想法和意见，避免误导他人。

2. 勤奋敬业

勤奋敬业是职业道德的重要组成部分，它是职业人员应该具备的基本素质。职业人员应该具备较高的职业素养和专业技能，努力完成工作任务，提高工作效率和工作质量。同时，职业人员还应该积极参与职业培训和学习，不断提升自身的职业素质和竞争力。

3. 尊重他人

尊重他人是职业道德的重要内容，是建立良好职业关系的基础。职业人员应该尊重客户和同事的人格和权利，不歧视和侮辱他人，保持礼貌和谦虚的态度。在工作中，职业人员要善于倾听他人的意见和建议，理解他人的立场和需要。

4. 遵守规章制度

遵守规章制度是职业道德的基本要求，它是职业人员在职业活动中必须遵循的基本原则。职业人员应该遵守职业道德规范和职业操守，遵守公司和组织的规章制度。职业人员在工作中要遵守工作流程和标准，严格遵守职业道德规范和法律法规，不从事违法违规的活动。

5. 保守职业秘密

保守职业秘密是职业道德的重要组成部分，它是职业人员应该具备的基本素质。职业人员在工作中会接触到很多机密信息，应该妥善保管和使用这些信息，不泄露单位和客户的机密信息。在处理职业秘密时，职业人员要遵守单位和组织的保密规定，不从事泄密和窃取商业机密的活动。

6. 尊重知识产权

尊重知识产权是职业道德的重要组成部分，它是保护知识产权和知识创造的基本原则。职业人员在工作中会接触到很多知识产权和专利信息，应该尊重这些知识产权，不侵犯知识产权和专利权。同时，职业人员还应该提倡知识产权保护和知识创新，积极参与知识产权保护和创新工作。

7. 回报社会

回报社会是职业道德的重要内容，它是建立良好社会形象和口碑的基础。职业人员应该关注社会问题和公共利益，积极参与社会公益活动和志愿服务工作，回报和贡献社会。同时，职业人员还应该尊重法律法规，不从事违法违规的活动，积极履行社会责任和义务。

（二）职业知识与技能

职业知识与技能是指在特定职业领域中职业人员所需的知识和技能。它是职业人员应该具备的基本素质和能力，是完成工作任务和职业发展的重要基础。职业知识与技能具有专业性和实用性的特征，对职业人员的工作表现和职业生涯发展具有至关重要的影响。

职业知识与技能包括专业知识和技能、沟通能力、团队合作能力、领导能力、问题解决能力和信息技术能力等几方面内容。

1. 专业知识和技能

专业知识和技能是职业知识与技能的核心内容，它是职业人员在特定领域中所需要掌握的基本知识和技能。职业人员需要具备较高的专业知识水平，熟练掌握和运用职业技能和工具，以便高效、高质量地完成工作。

2. 沟通能力

沟通能力是职业知识与技能的重要组成部分，它是职业人员在工作中所必须具备的能力之一。职业人员需要具备良好的沟通能力，包括口头和书面表达能力、听取他人意见和建议的能力、处理工作中出现的问题和矛盾的能力等。

3. 团队合作能力

团队合作能力是职业知识与技能的重要组成部分，它是职业人员在工作中所必须具备的能力之一。职业人员需要具备良好的团队合作能力，包括与团队成员进行有效的沟通和交流，积极参与和协调工作，为团队的共同目标贡献力量。

4. 领导能力

领导能力是职业知识与技能的重要组成部分，是职业人员在工作中所必须具备的能力之一。职业人员需要具备较高的领导能力，包括带领团队成员共同实现团队目标、制订合理的工作计划和执行方案、处理复杂的问题和矛盾，以及激励和培养团队成员等。

5. 问题解决能力

问题解决能力是职业知识与技能的重要组成部分，它是职业人员在工作中所必须具备的能力之一。职业人员需要具备良好的解决问题的能力，包括对工作中出现的问题进行分析和解决、制定合理的解决方案、及时处理紧急问题等。

6. 信息技术能力

信息技术能力是职业知识与技能的重要组成部分，它是职业人员在工作中所必须具备的能力之一。职业人员需要具备较高的信息技术能力，包括熟练掌握和运用各种办公软件、能够快速获取和处理信息、熟悉各种信息技术的应用等。

总之，职业人员应该根据自身职业的特点和要求，不断提升和完善自己的职业知识与技能，以获得更高效、更高质量的工作表现和职业发展。

（三）职业态度

职业态度是指职业人员对待工作和职业的态度和观念，它反映了职业人员的职业热情、职业责任感和职业操守等方面的表现。职业态度包括职业热情、职业责任感、职业操守、职业发展意识、自我激励和自我管理以及学习和创新精神等几方面内容，它对职业人员的职业生涯发展和工作表现具有重要影响。

1. 职业热情

职业热情是职业态度的重要组成部分，它是职业人员应该具备的职业态度之一。职业人员应该热爱自己的工作，对工作充满热情和动力，不断挑战和突破自我，实现自我价值和职业发展的提升。

2. 职业责任感

职业责任感是职业态度的重要组成部分，它是职业人员应该具备的基本素质和态度。职业人员应该对自己的工作和职责承担责任，对工作结果负责，并积极提出建设性的意见和建议，为公司和团队的成功贡献力量。

3. 职业操守

职业操守也是职业态度的重要组成部分，它是职业人员应该具备的基本素质和道德观念。职业人员应该始终遵守职业道德和职业规范，坚守职业道德原则和职业准则，不从事违法违规的活动，以维护公司和客户的利益和声誉。

4. 职业发展意识

职业发展意识是职业态度的重要组成部分，它是职业人员应该具备的职业观念和态度。职业人员应该有较高的职业发展意识和职业规划能力，积极参加各类职业培训和学习，不断提升自身的各类职业素质和竞争力，实现职业发展和个人价值。

5. 自我激励和自我管理

自我激励和自我管理是职业态度的重要组成部分，它是职业人员应该具备的基本素质和能力。职业人员应该具备自我激励和自我管理的能力，以有效地掌控自己的情绪和行为，保持良好的工作状态和工作效率，提高工作质量。

6. 学习和创新精神

学习和创新精神是职业态度的重要组成部分，它是职业人员应该具备的基本素质和能力。职业人员应该具备不断学习和创新的精神，掌握新的知识和技能，关注行业的新动态和发展趋势，以提高自身的职业素质和竞争力。

职业人员应该根据自身职业的特点和要求，不断提升和完善自己的职业态度，以获得更高效率、更高质量的工作表现和未来发展。

（四）职业沟通能力

职业沟通能力是指在工作和职业场景中，职业人员所必须具备的有效沟通和交流的能力和技巧。职业沟通能力涉及多个方面的内容，包括口头和书面沟通能力、听取他人意见和建议的能力、处理工作中出现的问题和矛盾的能力，以及有效地组织和表达信息的能力等。

1. 口头和书面沟通能力

口头和书面沟通能力是职业沟通能力的重要组成部分，它是职业人员在工作中所必须具备的能力之一。职业人员需要具备良好的口头和书面表达能力，要能够清晰、准确地表达自己的意见和想法，理解他人的意见和需求，并根据具体情况灵活运用不同的表达方式和沟通技巧。

2. 听取他人意见和建议的能力

听取他人意见和建议的能力是职业沟通能力的重要组成部分，它是职业人员在工作中所必须具备的能力。职业人员需要具备良好的倾听和理解能力，能够认真听取他人的意见和建议，理解他人的需求和要求，并根据具体情况做出相应的回应和处理。

3. 处理工作中出现的问题和矛盾的能力

处理工作中出现的问题和矛盾的能力是职业沟通能力的重要组成部分，它是职业人员在工作中所必须具备的能力。职业人员需要具备良好的问题解决能力和冲突管理能力，要能妥善处理各种工作关系，为工作的顺利进行和职业发展提供支持和保障。

4. 有效地组织和表达信息的能力

有效地组织和表达信息的能力是职业沟通能力的重要组成部分，是职业人员在工作中所必须具备的能力。职业人员需要具备良好的信息整合和表达能力，能够快速、准确地获取和整理信息，根据具体情况采用合适的信息传达方式和工具，有效地组织和表达信息，以满足工作需求和达成工作目标。

5. 非语言沟通能力

非语言沟通能力是职业沟通能力的重要组成部分，也是职业人员在工作中所必须具备的能力。职业人员需要具备良好的非语言沟通能力，包括肢体语言、面部表情、语音语调等方面的表现。职业人员需要根据具体情况灵活运用不同的非语言沟通方式和技巧，加强与他人的交流和理解。

6. 跨文化沟通能力

随着全球化进程的加速，跨文化沟通能力在职业沟通中占据越来越重要的位置。跨文化沟通能力更是国际科技组织职业人员在跨国、跨文化交流中所必须具备的能力之一。职业人员需要具备良好的跨文化沟通能力，包括了解和尊重不同文化和价值观的差异、掌握跨文化沟通的规则和技巧、提高跨文化交流的敏感度和适应性等。

职业沟通能力是职业素养的重要组成部分，能够帮助职业人员在工作中更好地与同事、客户和上级领导进行沟通和交流，从而顺畅地达成工作目标。

（五）团队合作能力

团队合作能力是指职业人员在团队工作中，积极、有效地与团队成员协作，共同完成团队任务和达成团队目标的能力和素质。团队合作能力涉及多个方面的内容，包括团队协作精神、沟通协调能力、任务分工与协作等方面。在国际科技组织中，团队合作能力是开展有效工作的基础，是获得职业成功的关键。

1. 团队协作精神

团队协作精神是团队合作能力的重要组成部分，是职业人员在团队工作中所必须具备的能力。职业人员需要具备良好的团队协作精神，能够积极地参与团队合作，尊重团队成员的意见和建议，乐于分享经验和知识，推动团队工作的顺利进行和目标达成。

2. 沟通协调能力

沟通协调能力是团队合作能力的重要组成部分，是职业人员在团队工作中所必须具备的能力。职业人员需要具备良好的沟通协调能力，能够有效地与团队成员进行沟通和交流，理解和反馈他人的需求和意见，协调和整合各方面的资源和信息，为团队目标的实现提供保障和支持。

3. 任务分工与协作

任务分工与协作是团队合作能力的重要组成部分，是职业人员在团队工作中所必须具备的能力之一。职业人员需要具备良好的任务分工和协作能力，能够清晰地理解和分析团队任务的目标和要求，将任务合理地分配给团队成员，并通过协作和配合实现任务的高效完成。

4. 信任建立与维护能力

信任建立与维护能力是团队合作能力的重要组成部分之一，是职业人员在团队工作中所必须具备的能力。职业人员需要具备良好的信任建立与维护能力，能够通过诚信、公正的行为和言行举止，建立和维护与团队成员的信任关系，促进团队工作的和谐进行和目标的实现。

团队合作能力是职业素养的重要组成部分，职业人员应该根据自身职业的特点和要求，不断提升和完善自己的团队合作能力，以便更好地适应工作环境和职业要求，提高工作效率和工作质量。

第二节　核心素养

为了适应不断变化的全球化环境和科技发展趋势，国际科技组织对其职员的核心素养要求也在不断更新和提高。

一、核心素养概述

作为国际科技组织职员，他们需要具备一系列的素养，包括政治素养、专业素养、人文素养、管理素养等。这些素养是其工作的核心，决定了其在工作中所具备的能力和水平，同时也是其在职场中获得成功的重要保障。

政治素养是指个人对国家政治制度和运行机制的认识、了解和掌握程度。政治素养主要包括了解国际关系和国际组织，熟悉国际法律和条约，具备危机处理和决策能力等方面。国际科技组织职员不仅要了解本国政治制度，还要了解其他国家的政治制度和文化传统及宗教习俗等。

专业素养是指在专业领域内所必备的知识和技能。专业素养主要包括熟悉本领域专业知识，具备技术研发能力，拥有跨文化沟通能力等方面。对于国际科技组织职员来说，专业素养是其工作的重要基础，决定了其在技术研发、科技合作和国际交流中所具备的能力和水平。

人文素养是指人们对人类文化、历史、艺术、哲学、道德等方面的认识和理解。人文素养主要包括了解各国和地区的文化和历史，具备国际视野和人文关怀，具备公民意识和社会责任感等方面。对于国际科技组织职员来说，人文素养是其更好地了解各国和地区文化差异、促进文化交流和理解的重要基础。

管理素养是指个人在组织管理中所具备的管理能力和管理水平。管理素养主要包括具备团队管理和领导能力，熟悉组织运作和管理知识，具备项目管理和风险控制能力等方面。对于国际科技组织职员来说，管理素养是其在组织管理和团队合作中所必备的能力。

二、核心素养的内容

国际科技组织职员的核心素养，包括政治素养、专业素养、人文素养、管理素养四个方面。这些素养是国际科技组织职员工作的重要保障和基础。因此，国际科技组织职员需要不断学习和提升自己的素养，以适应不断变化的国际科技环境和需求，为推动全球科技进步和人类文明做出更大的贡献。

（一）政治素养

作为国际科技组织的职员，政治素养是非常重要的，因为他们所从事的科技工作，往往会受到政治和经济等诸多因素的影响。一个有着良好政治素养的国际科技组织职员，不仅能够更好地应对外部环境的挑战，还能够更加高效地开展工作，为组织取得更好的成果。政治素养的主要内容包括以下几个方面。

1. 政治意识

政治意识是指对政治问题的敏感度和认识程度。在国际科技组织中，职员需要关注国际政治形势和科技政策变化，理解政策对科技发展的影响，了解各国的科技优势和发展方向。只有具备深刻的政治意识，才能够更好地制定科技发展战略，促进科技创新和国际科技合作。

2. 国际视野

国际视野是指对国际事务的了解和理解能力。一个有着良好政治素养的国际科技组织职员，要了解各国的科技政策、科技创新成果和科技人才培养等方面的情况。此外，职员还需要了解国际科技合作的形式和方式，积极参与国际科技合作项目，促进科技成果的共享和转化。

3. 战略思维能力

战略思维能力是指职员在制定和执行科技发展战略方面的能力。一个有着良好政治素养的国际科技组织职员，要能够分析国际科技环境和发展趋势，制定科技发展战略，并根据实际情况进行调整和优化。此外，国际科技组织职员还需要善于从长远的角度思考问题，具备远见卓识，能够发现科技发展的新趋势和机遇，制定相应的战略方案，带领团队不断推进科技创新和发展。

4. 法律意识

法律意识是指职员对法律问题的敏感度和认识程度。在国际科技合作中，职员需要遵守国际法律、知识产权法律和合同法律等方面的规定，保护自身的合法权益。此外，职员还需要了解各国的法律法规，了解其对科技发展的影响和限制，避免因法律问题而导致合作的失败或纠纷的产生。

上述这些素质互相联系、互相促进，在职员的工作中都是至关重要的。只有不断地提升自身的政治素养，才能够更好地应对复杂多变的国际科技环境和各种挑战，促进国际科技合作的健康发展。

（二）专业素养

对于国际科技组织职员来说，专业素养也是非常重要的，因为他们所从事的科技工作大多需要具备专业知识和技能。一个有着良好专业素养的科技组织职员，不仅能够更好地掌握科技前沿的发展动态，还能够更加高效地开展工作，为组织取得更大的成果。

1. 相关学科知识和技能

相关学科知识和技能是指职员所从事的学科领域内的专业知识和技能。在国际科技组织中，职员需要具备丰富的学科知识和技能，掌握科技前沿的发展动态、新技术和新方法，能够熟练地运用各种科技工具和设备，开展科技研究和创新工作。此外，职员还需要不断学习和更新学科知识，适应科技发展的新趋势和变化，提高自己的专业能力和水平。

2. 科技研究和创新能力

科技研究和创新能力是指职员在解决科技问题和开展科学研究方面的能力。一个有着良好专业素养的国际科技组织职员，需要具备较强的科学研究和创新能力，能够深入研究科技问题，提出创新性的解决方案，推动科技成果的应用和转化。此外，职员还需要具备自主学习和自我提升的意识和能力，及时掌握新的科技发展动态和成果，不断提升自己的科技创新能力。

3. 项目管理和组织能力

项目管理和组织能力是指职员在管理和组织科技项目方面的能力。一个有着良好专业素养的国际科技组织职员，需要具备良好的项目管理和组织能力，这样才能够规划和组织科技项目的开展，制订项目计划和进度安排，确保项目顺利进行。此外，职员还需要具备团队协作和沟通能力，能够协调各方利益，促进项目成果的共享和转化。

4. 数据分析和模型构建能力

数据分析和模型构建能力是指职员在科技数据处理和分析方面的能力。在国际科技合作中，职员需要收集、处理和分析大量的科技数据，挖掘数据背后的价值和意义，构建科技分析模型，提供科技决策支持。因此，一个有着良好专业素养的国际科技组织职员，需要具备良好的数据分析和模型构建能力，能够运用各种数据分析工具和软件，提取有用的数据信息，建立有效的科技模型，为科技创新和发展提供科学依据和支持。

5. 技术评估和风险管理能力

技术评估和风险管理能力是指职员在评估科技成果和管理科技风险方面的能力。在国际科技合作中，职员需要评估各种科技成果的价值和风险，确定科技合作的可行性和实施方案。因此，一个有着良好专业素养的国际科技组织职员，需要具备技术评估和风险管理的能力，能够进行技术评估和风险分析，为科技合作提供科学依据和决策支持。

6. 国际合作和交流能力

国际合作和交流能力是指职员在国际科技合作和交流方面的能力。在国际科技合作中，职员需要与各国政府、科研机构和企业进行沟通和协调，建立合作伙伴关系，推进科技创新和成果的共享。因此，一个有着良好专业素养的国际科技组织职员，需要具备良好的国际合作和交流能力，能够运用多种语言和文化背景，与各国科技人员进行交流和合作，促进国际科技合作的开展。

（三）人文素养

人文素养是指一个人在思想、道德、文化等方面所具备的素养。作为国际科技组织的职员，人文素养对于他们的工作和发展也是非常重要的。一个有着良好人文素养的国际科技组织职员，不仅能够更好地理解和尊重不同的文化和价值观念，还能够更好地处理复杂的人际关系。

1. 国际视野和文化意识

国际视野和文化意识是指职员在理解和尊重不同文化、不同价值观念方面的能力。在国际科技合作中，职员需要与各国政府、科研机构和企业进行沟通和协调，需要理解和尊重各国的文化背景和差异，建立相互信任和尊重的关系。因此，一个有着良好人文素养的国际科技组织职员，需要具备开放、包容的心态，有国际视野和文化意识，能够理解和尊重不同文化和价值观念，积极促进文化交流和理解。

2. 创新思维和跨学科能力

创新思维和跨学科能力是指职员在处理复杂问题和推动科技创新方面的能力。在国际科技合作中，职员需要处理各种复杂的科技问题，需要具备创新思维和跨学科能力，能够运用多种学科知识和技能，提出创新性的解决方案。因此，一个有着良好人文素养的国际科技组织职员，需要具备开放、包容的思维方式，具有跨学科的视野和能力，能够从不同角度和在不同领域内寻找解决问题的新思路和新方法，推动科技创新和发展。

3. 道德和伦理素养

道德和伦理素养是指职员在道德和伦理方面的素养。在国际科技合作中，职员需要遵循科学精神和道德规范，具备高度的道德和伦理素养，保持诚信和公正，防止科研不端行为的发生。因此，一个有着良好人文素养的国际科技组织职员，需要具备良好的道德和伦理素养，能够始终坚守科学道德和职业操守，遵循规范和法律法规，推动科技合作的健康发展。

4. 社会责任和公益意识

社会责任和公益意识是指职员在社会责任和公益方面的意识和素养。在国际科技合作中，职员需要具备社会责任和公益意识，关注科技创新和发展对社会的影响和作用，促进科技创新和发展与社会的融合和共享。因此，一个有着良好人文素养的国际科技组织职员，需要具备良好的社会责任和公益意识，能够始终关注科技创新和发展对社会的影响和作用，积极参与社会公益活动，为人类社会的发展做出贡献。

一个有着良好人文素养的国际科技组织职员，不仅需要具备上述素质和能力，还需要不断学习和拓展人文领域内的知识，保持开放、包容、创新的思维方式，积极适应和引领国际科技发展的新趋势和变化。只有这样，才能够更好地促进国际科技合作的发展，推动科技创新和进步，实现共同发展和繁荣。

（四）管理素养

管理素养是指一个人在组织和管理方面的素养。作为国际科技组织的职员，管理素养对于他们的工作和发展也是非常重要的。一个有着良好管理素养的国际科技组织职员，不仅能够更好地协调和管理组织内部的资源和人力，还能够更好地处理复杂的组织管理问题。国际科技组织职员应该具备以下几个方面的管理素养。

1. 组织和协调能力

组织和协调能力是指职员在组织和协调方面的能力。在国际科技合作中，职员需要协调各方资源和人力，组织和管理科研项目和合作计划，需要具备高效的组织和协调能力，确保项目按时、按质、按量完成。因此，一个有着良好管理素养的国际科技组织职员，需要具备良好的组织和协调能力，能够制订科研计划和管理方案，协调各方资源和人力，确保项目的顺利进行。

2. 团队领导和管理能力

团队领导和管理能力是指职员在团队领导和管理方面的能力。在国际科技合作中，职员需要领导和管理跨文化的科研团队和合作团队，需要具备高效的团队领导和管理能力，促进团队的协同合作。因此，一个有着良好管理素养的国际科技组织职员，需要具备良好的团队领导和管理能力，能够激励团队成员的创新和合作，协调团队内部的工作和关系，推动团队的成长和发展。

3. 决策和执行能力

决策和执行能力是指职员在决策和执行方面的能力。在国际科技合作中，职员需要制订科研计划和管理方案，需要决策和执行科研项目和合作计划，需要具备高效的决策和执行能力，确保项目按时、按质、按量完成。因此，一个有着良好管理素养的国际科技组织职员，需要具备良好的决策和执行能力，能够准确分析和把握问题，制订科研计划和管理方案，推动项目的有效执行。

4. 创新思维和风险管理能力

创新思维和风险管理能力是指职员在创新思维和风险管理方面的能力。在国际科技合作中，职员需要处理各种复杂的科技问题，需要具备创新思维和风险管理能力，能够发现和解决问题，避免和化解风险。因此，一个有着良好管理素养的国际科技组织职员，需要具备开放、包容的思维方式，具有跨学科的视野和能力，能够从不同角度和在不同领域内寻找解决问题的新思路和新方法，有效管理和控制科技项目中的风险。

以上就是国际科技组织职员的核心素养的主要内容。这些素养是国际科技组织职员工作的重要保障和基础，也是其在职场中获得成功的关键要素。因此，国际科技组织职员需要不断学习和提升自己的素养，以适应不断变化的国际科技环境和需求，为推动全球科技进步和人类文明进步做出更大的贡献。

第三节 全球胜任力

一、全球胜任力概述

随着经济全球化和信息技术的飞速发展，全球治理体系和国际秩序变革加速推进，各国联系日益加深，人类面临着诸多共同问题及挑战，处在同一命运共同体之中。参与全球问题解决已经成为各国人才培养的现实要求，而全球胜任力（Global Competence，也称为全球素养）则成为实现这一要求的关键要素。

（一）全球胜任力的概念

全球胜任力是一个复杂且多维的概念，它涉及个人在全球化背景下所需的知识、技能和态度。这一概念的核心是理解和适应跨文化环境，以便在全球范围内有效地工作和交流。全球胜任力的概念还包含了对不同文化的理解、尊重和适应，以及能够在多元文化背景下有效开展工作的能力。

全球胜任力的概念最早可追溯至“国际理解”一词的提出。1974 年，联合国教科文组织第 18 届大会通过的《关于教育促进国际理解、合作与和平及教育与人权和基本自由相联系的建议》提出国际理解教育，为全球胜任力的提出奠定了思想基础。2016 年，经济合作与发展组织（以下简称“经合组织”）发布了《全球素养培养：为了一个更加包容的社会》报告，从知识、认知技能、社会技能和态度、价值四个维度对全球胜任力进行解构，提出全球胜任力是指“在尊重人性尊严的前提下，个人拥有从多元角度批判性地分析全球与跨文化议题的能力；能充分理解差异是如何影响自我及他人的观点、判断与诠释的；能够开放、适宜、有效率地与拥有不同文化背景的人沟通的能力”。2017 年 12 月，经合组织在《PISA 全球素养框架：让我们的青年为一个包容和可持续的世界做好准备》中提出全球胜任力的定义：青少年能够分析当地、全球和跨文化的问题，理解和欣赏他人的观点和世界观，与拥有不同文化背景的人进行开放、得体和有效的互动，以及为集体福祉和可持续发展采取行动的能力。

在全球化日益加深的今天，全球胜任力变得尤为重要。它不仅对于个人的职业发展至关重要，还对企业和组织在全球市场上的竞争力有显著影响。具体来说，具备全球胜任力的人能够更好地在国际项目和团队中工作，促进不同文化背景下的合作。此外，具备全球胜任力的人能够有效地实现跨文化沟通，从而减少误解和冲突，促进更顺畅的国际交流。最后，具备全球胜任力的个人在多元文化的工作环境中能够以不同的视角审视问题，从而有助于创新和解决复杂问题。总之，随着全球互联的加深，全球胜任力将继续成为个人和组织在 21 世纪取得成功的关键因素。

（二）全球胜任力培养的发展历程

20 世纪以来，国际组织和发达国家对全球胜任力的重视程度不断提高，通过拓展国际教育理念、调整人才培养目标、设计教育能力框架等途径探索提升全球胜任力培养的模式。全球胜任力培养的发展历程是一个跨越多个领域和时代的复杂过程。这一过程不仅涵盖了教育、商业和政策制定的各个方面，还反映了全球化和技术革新的影响。全球胜任力培养的发展历程可以简单地分为三个阶段。

第一个阶段是全球胜任力的早期发展阶段（20 世纪初至 20 世纪 60 年代）

在 20 世纪初至 20 世纪 60 年代，全球胜任力的早期概念主要是在国际政治、经济和文化交流的背景下逐渐形成的。这一时期的国际互动和合作需求促使人们开始关注跨文化理解和国际合作能力。虽然这一时期的全球胜任力尚未成为一个明确和广泛认可的概念，但它为后来全球胜任力的发展奠定了基础。随着全球化的加深，这些早期的理念和实践逐渐演化为我们今天所理解的全球胜任力。

第二个阶段是全球胜任力概念的形成与发展阶段（20 世纪 70 年代至 20 世纪 90 年代）

在 20 世纪 70 年代至 20 世纪 90 年代，全球胜任力从一个初步的概念发展成为国际交流和合作中不可或缺的关键能力。这一时期的经济全球化、政治变革、教育改革和技术进步共同推动了全球胜任力的发展，使其成为个人和组织在全球化世界中取得成功的重要因素。随着全球互联的加深，全球胜任力的重要性将持续增长，成为 21 世纪的关键竞争力之一，对全球胜任力的培养也逐渐成为全球共识。

第三个阶段是全球胜任力融入教育领域阶段（21 世纪初至今）

全球胜任力在 21 世纪初至今的教育领域中的融入，体现了对这一概念的深入理解和实践应用。这一时期，教育体系对全球胜任力的重视显著增强，通过多种方式和策略培养学生，使之成为能够有效应对全球化挑战的全球公民。随着全球化的持续发展，这种趋势预计将继续增强，全球胜任力将成为教育领域的核心组成部分。基于对全球胜任力重要性的认识，在这一时期，美国、英国、德国、法国等都先后出台文件，在不同层面上持续进行教育推进。在这一时期，世界各国对全球胜任力的认识也从理论探讨逐渐转化为实践行动，即开展全球胜任力培养教育活动。

我国很多高校也都开展了全球胜任力的培养，其中清华大学的培养方案相对完善和成熟。清华大学通过向学生提供丰富的国际化教育资源、培养外语能力、促进国际交流与实践、跨文化沟通和领导力培养以及具备全球视野的课程设置等方式，致力于培养学生的全球胜任力，使他们在全球化的时代能够胜任各种挑战。

二、全球胜任力的核心素养

经济合作与发展组织（OECD）发布了《PISA 全球胜任力框架》。在这个框架中，全球胜任力被定义为“一个人在现代社会中能够成功地参与工作和社交活动，同时为未来的学习和发展做好准备的能力”。在这种情况下，全球胜任力是指一个人具有广泛的知识、技能和态度，可以在不同的情境和文化背景下运用这些能力。

清华大学的全球胜任力培养方案认为：全球胜任力的提升需要在认知、人际与个人三个层面不断探索发展六大核心素养。这六大核心素养如下：(1) 理解世界知识与全球议题；(2) 至少熟练掌握一门外语的口头和书面表达；(3) 持开放态度与尊重文化差异；(4) 具有沟通协作精神，且能在跨文化团队中积极发挥此精神；(5) 在跨文化环境中自信表达，并通过不断地自我审视来提升自我；(6) 诚实守信，遵守社会伦理，勇于承担责任。

从上述论述中可以看出，全球胜任力是指在相互依存的全球大环境下，个人能够秉承开放、欣赏与包容的心态，与人进行有效互动和合作，为增进全人类的集体福祉、促进可持续发展做出贡献。全球胜任力主要表现在综合性知识、交互性技能、开放性心智模式及共同体行动四个方面，强调尊重、开放与包容，强调交流、沟通与协作，强调自我意识与文化认同，强调全球意识与世界意义，强调共同责任与集体福祉。全球胜任力核心素养示意图如图 5－1 所示。

接下来我们从三个维度介绍全球胜任力的核心素养。

（一）知识与理解力维度

科技发展能够推动人类社会、信息空间、物理世界的“三元融合”。全球胜任力要求青年不仅具有对全球问题的跨文化理解力，还能探究其形成原因、发展趋势，进行批判性思考；要求学习者具备更高层次的学习目的，把基础性认知和想象力有机结合，通过知识迁移能力不断补充“有效知识”以提升综合技能，实现全球范围内自主知识建构。该维度的核心素养包括阅读素养、数学素养、科学素养三个方面。

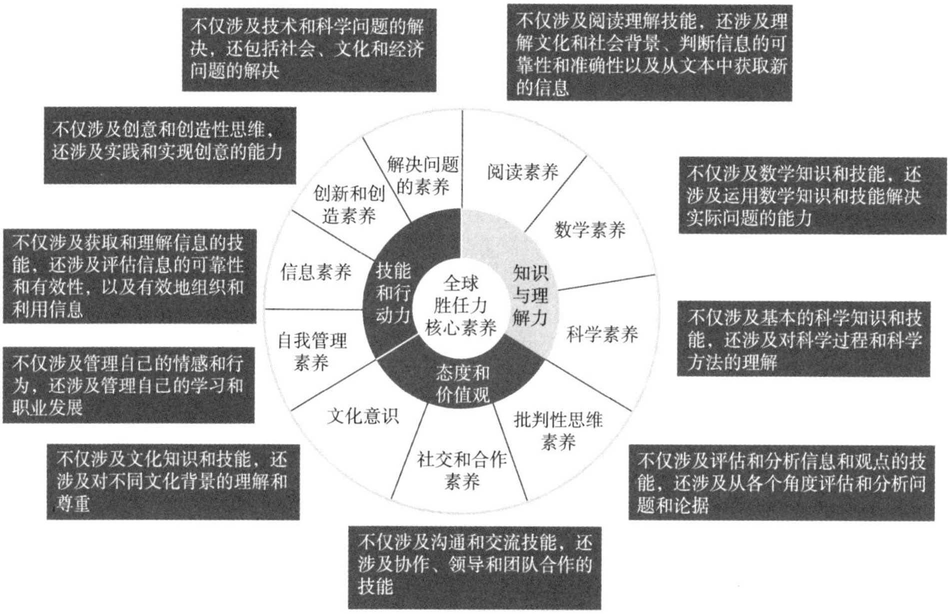

图 5-1　全球胜任力核心素养示意图

1. 阅读素养

阅读素养是指一个人理解和分析书面材料的能力。这不仅涉及阅读理解技能，还涉及理解文化和社会背景、判断信息的可靠性和准确性以及从文本中获取新的信息等方面。一个具有高度阅读素养的人能够从不同类型的文本中获取信息并在不同的情境中运用这些信息。

2. 数学素养

数学素养是指一个人的数学能力和数学思维能力。这不仅涉及数学知识和技能，还涉及运用数学知识和技能解决实际问题。一个具有高度数学素养的人能够理解、应用和解释数学概念，运用数学思维解决问题，以及从各种结果中推断和推理出结论。

3. 科学素养

科学素养是指一个人对科学概念、原理和方法的理解。这不仅涉及基本的科学知识和技能，还涉及对科学过程和科学方法的理解。一个具有高度科学素养的人能够运用科学知识和技能解决实际问题，评估科学信息的可靠性和有效性，以及理解科学在社会中的作用。

（二）态度和价值观维度

青年们要在媒体互联及世界一体化的浪潮中，与有着不同身份、文化、价值体系、语言、生活方式的人共同工作及生活。为此，青年们要抱有开放的态度并有意识地去探索世界，形成重视人的尊严和重视文化多样性的价值观。正如美国亚洲协会在其“全球胜任力指标”中所描述，要“调查自身之外的世界”“了解自身与他人观点”“与各种不同的人有效交流”“将自己的观点付诸恰当行动以改进现状”。拥有这样价值观的青年会对全球公共问题了解得更加深刻，并积极地面对一个文化多元互动的世界。该维度的核心素养包括文化意识、社交和合作素养、批判性思维素养三个方面。

1. 文化意识

文化意识是指一个人理解自己的文化背景和其他文化背景的能力。这不仅涉及文化知识和技能，还涉及对不同文化背景的理解和尊重。一个具有高度文化意识的人能够理解和尊重文化背景不同的人，以及在不同文化背景中运用自己的知识和技能。

2. 社交和合作素养

社交和合作素养是指一个人在不同情境中与他人合作、交流和互动的能力。这不仅涉及沟通和交流技能，还涉及协作、领导和团队合作的技能。一个具有高度社交和合作素养的人能够有效地与他人合作、交流和互动，以及在团队中发挥作用并达成共同目标。

3. 批判性思维素养

批判性思维素养是指一个人有效地评估和分析信息、观点和论据的能力。这不仅涉及评估和分析信息和观点的技能，还涉及从各个角度评估和分析问题和论据。一个具有高度批判性思维素养的人能够有效地评估和分析信息、观点和论据，以及在分析中提出自己的观点和论据。

（三）技能和行动力维度

托马斯·弗里德曼在《世界是平的》一书中提出，人类社会已经进入全球化

3.0版本时代，继国家、跨国公司之后，每个个体将依托现代科学技术成为推动“全球化”进程的重要力量。合作解决全球问题的能力是全球胜任力的目标指向。哈佛大学零点项目首席研究员韦罗尼卡·博伊克斯·曼西利亚和亚洲协会全球教育中心主任安东尼·杰克逊在《全球胜任力：融入世界的技能》一书中强调全球胜任力框架包含探索世界、分辨视角、沟通思想、采取行动四个方面，落脚于培养“有卓越国际合作能力的个体——能够在工作场所、多个国家之间、通过互联网以及在个人决策中解决全球问题的个体”。该维度的核心素养包括解决问题的素养、信息素养、创新和创造素养、自我管理素养四个方面。

1. 解决问题的素养

解决问题的素养是指一个人在不同的情境中识别、分析和解决问题的能力。这不仅涉及技术和科学问题的解决，还包括社会、文化和经济问题的解决。一个具有高度解决问题的素养的人能够有效地分析和解决各种问题，运用创造性的思维和创新的方法，以及利用信息和通信技术等新兴技术来解决问题。

2. 信息素养

信息素养是指一个人利用信息和通信技术有效地获取、评估、组织和利用信息的能力。这不仅涉及获取和理解信息的技能，还涉及评估信息的可靠性和有效性，以及有效地组织和利用信息。一个具有高度信息素养的人能够有效地利用各种信息和通信技术，以及评估和使用信息来支持自己的学习和工作。

3. 创新和创造素养

创新和创造素养是指一个人运用创造性思维和创新方法解决问题和创造价值的能力。这不仅涉及创意和创造性思维，还包括实践和实现创意的能力。一个具有高度创新和创造素养的人能够运用创造性思维和创新方法解决问题和创造价值，以及在实践中实现创意。

4. 自我管理素养

自我管理素养是指一个人管理和发展自己的能力。这不仅涉及管理自己的情感和行为，还涉及管理自己的学习和职业发展。一个具有高度自我管理素养的人能够有效地管理自己的情感和行为，制订和实施学习计划及探索自己的职业发展道路。

这些核心素养是全球胜任力的关键组成部分，它们互相交织。例如，解决问题的素养需要阅读、数学和科学素养及信息素养来解决问题。社交和合作素养需要创新和创造素养、文化意识和批判性思维素养及自我管理素养来实现有效的合作和互动。这些核心素养也适用于不同的领域，包括教育、商业、医疗、工程、艺术等。在现代社会中，每个人都需要具备这些素养，以便在不同的情境中成功地参与工作和社交活动，同时为未来的学习和发展做好准备。

三、全球胜任力的价值

全球胜任力是一个人在现代社会中成功地参与工作和社交活动，同时为未来的学习和发展做好准备的能力。随着全球化进程的加速，企业和组织越来越青睐那些拥有全球胜任力的员工。对于国际科技组织来说，这种趋势尤为明显。对于即将进入或正在这些组织实习或任职的大学生和青年科技工作者来说，全球胜任力不仅仅是一项简单的附加技能，更是决定他们未来职业发展和实习成功的关键要素。在国际科技组织中实习、任职的职员具备全球胜任力具有非常重要的意义。

（一）具备全球胜任力有助于适应跨文化工作环境

在国际科技组织中实习、任职的职员来自不同的国家和地区，他们需要在一个多元文化、多语言和多背景的环境中工作。具备全球胜任力可以帮助职员适应和融入这样的工作环境，与拥有不同文化背景和语言背景的同事合作，理解和尊重不同文化和价值观，有效地沟通和交流，建立良好的人际关系。此外，具备全球胜任力的职员能够运用自己的跨文化知识和技能来解决跨文化沟通和合作中出现的问题，有效地处理跨文化冲突和协调不同文化之间的差异，从而提高工作效率和质量。

（二）具备全球胜任力有助于掌握最新的技术和工具

国际科技组织是科学技术领域内的重要组织，涉及很多新兴的科技和工具。具备全球胜任力的职员能够很好地掌握和应用这些最新的技术和工具，从而更好地完成工作任务。例如，具备信息素养的职员能够快速地搜索和收集信息，并利用这些信息来解决实际问题；具备创新和创造素养的职员能够提出新的想法和解决方案，推动组织的创新和发展；适应能力强的职员能够快速适应新的技术和工具，并运用这些技术和工具来完成工作任务。因此，具备全球胜任力的职员在国际科技组织的工作中更具竞争力，能够更好地应对新兴的科技和工具带来的挑战和机遇。

（三）具备全球胜任力有助于提高工作效率和质量

具备全球胜任力的职员能够更好地应对国际科技组织工作中的各种挑战和复

杂问题，从而提高工作效率和质量。例如，具备解决问题素养的职员能够快速发现和解决工作中出现的问题，提高工作效率和质量；具备社交和合作素养的职员能够与同事和合作伙伴有效地沟通和合作，提高工作效率和质量；具备自我管理素养的职员能够有效地应对工作中的压力和挫折，快速适应变化和挑战，从而提高工作效率和质量。此外，具备全球胜任力的职员还能够通过跨文化交流和合作，获得新的思路和想法，提高工作的质量。

具备全球胜任力对于在国际科技组织中实习、任职的职员来说具有非常重要的意义。因此，在国际科技组织中实习、任职的职员应该注重培养自己的全球胜任力，提高自己在多元文化和科技领域内的竞争力，为未来的职业生涯和社会生活做好准备。

INTERNATIONAL ORGANIZATIONS

第六章

实习、任职的政策支持与机制保障

随着我国经济与科技的飞速发展，国家对向国际科技组织输送人才的价值和意义有了更为深刻的认识。为了支持科技人员和大学生去国际科技组织实习和任职，我国先后出台了一系列政策和措施。国家下发了许多相关文件，部分地方政府也出台了政策文件，有力地提供了政策支持。政策体系的不断完善，为大学生赴国际组织实习和任职创造了良好的外部条件。此外，国家也搭建了国际科技组织实习、任职信息平台，不断推出各类国际组织人才培养的项目。各种保障机制日益增多，这些保障措施为国际科技组织实习与任职工作提供了有力支撑。

第一节 国际科技组织实习与任职的政策支持

我国一直支持各类人才到国际组织中实习与任职，更是从各个层面上支持各类人才赴国际科技组织实习与任职。在政策支持上可以分为两个阶段：第一个阶段是从2010年到2016年，国家开始重视国际组织人才的培养选送工作；第二个阶段是从2014年至2022年，国家开始制定各种具体措施和成立项目，鼓励支持各类人才赴国际组织实习任职。

一、国家和地方政府层面的规划与政策

我国在2010年颁发的《国家中长期教育改革和发展规划纲要（2010—2020)》中开始提及国际组织、国际组织人才的培养。该文件明确提出，要“培养大批具有国际视野、通晓国际规则、能够参与国际事务和国际竞争的国际化人才”，要“支持参与和设立国际学术合作组织”，要“加强与联合国教科文组织等国际组织的合作，积极参与双边、多边和全球性、区域性教育合作。……积极参与和推动国际组织教育政策、规则、标准的研究和制定。……搭建高层次国际教育交流合作与政策对话平台”。这一文件的出台，标志着我国开始从国家层面规划实施国际组织人才培养与选送工作。

2012年12月，党的十八大报告进一步明确提出：“我们将积极参与多边事务，支持联合国、二十国集团、上海合作组织、金砖国家等发挥积极作用，推动国际秩序和国际体系朝着公正合理的方向发展。”由此，明确提出了国际组织人才培养与选送的目标。

2013年，中共中央组织部、外交部、国家发展改革委员会、人力资源和社会保障部、教育部、科技部等部门联合研究制定我国国际组织人才培养和选送政策，加强对国际组织人才的培养，使国际组织人才输送工作再上一个新台阶。

2016年，党中央、国务院颁发了《关于进一步加强国际组织人才培养推送工作的意见》（简称《培养推送意见》），正式在全国范围内开启了国际科技组织人才的培养和输送工作。赴国际科技组织实习与任职成为当代大学生和青年科技工作者职业规划中的又一条新路径。

为了进一步贯彻落实中央《培养推送意见》精神，政府部门和一些省市陆续

颁布了相关文件，制定了政策措施。在中央层面上，2016 年，中共中央办公厅和国务院办公厅印发了《关于做好新时期教育对外开放的若干意见》，文件提出了加快培养五类人才的培养目标，明确提出，要培养国际组织人才、国别与区域研究人才和非通用语种人才等。该文件还指出，要“选拔推荐优秀人才到国际组织任职，完善金砖国家教育合作机制，拓展有关国际组织的教育合作空间，积极参与全球教育治理”。科学技术部、原农业部等部委也相继出台了各种文件，或者在其“十三五”国际合作交流和对外开放的规划中，规定了本部门培养和推送国际组织人才的具体政策。

2018 年 8 月，《关于高等学校加快“双一流”建设的指导意见》提出：“加大高校优秀毕业生到国际组织实习任职的支持力度，积极推荐高校优秀人才在国际组织、学术机构、国际期刊任职兼职。”2019 年 2 月，《中国教育现代化 2035》文件指出：“完善支持政策，鼓励教育领域优秀人才到国际组织任职服务，支持优秀青年师生参加国际志愿服务和国际合作项目。加大国际职员后备人才培养力度，积极向国际组织派遣实习生和借调人员。”由此可见，随着国家对国际组织人才的重视，高校成为服务国家人才战略的新支点。

在地方政府层面上，北京、上海、浙江、江苏等省市相继出台了关于国际组织人才培养的规划政策文件。上海市教育委员会出台的规划文件提出了关于国际组织人才培养选送的具体政策。《上海教育对外开放“十三五”发展规划》明确提出：“培养国际组织人才，加强国际组织合作，吸引国际组织落户上海。”

以上政策措施有力地保障了国际组织人才输送工作，也为大学生、科技工作者去国际科技组织中实习、任职提供了政策、平台和资金保障。

二、其他支持保障与措施

除了国家和地方政府支持之外，一些国际科技组织也会为实习生提供生活津贴、保险（如世界卫生组织对部分实习生提供生活津贴和医疗与事故保险，但不提供交通费），还有一些国际科技组织仅提供实习机会，需要由成员政府、基金会、大学或其他慈善机构为实习生提供经费。然而，为了培养具有世界胸怀、掌握专业知识、知晓国际规则、善于跨国沟通的青年人才，许多招募实习生的国际科技组织和一些国家的政府、著名大学及一大批慈善基金机构都愿意出资，为国际科技组织实习生提供资金支持，解决实习生的经费困难问题，让他们无后顾之忧。较早有组织、有计划地为实习生提供财政支持的有瑞典、瑞士、丹麦等国家。

我国政府从2017年正式开始为中国高校应届本科毕业生和在校研究生提供去联合国等国际组织实习的财政资助。国家留学基金管理委员会（CSC，简称“国家留基委”）颁发了《国家留学基金资助全国普通高校学生到国际组织实习选派管理办法（试行）》文件，从2017年9月1日起，公开受理全国各高校学生的申请。获得国家留基委资助的学生将获得国家留学基金资助一次往返国际旅费、资助期限内的奖学金和艰苦地区补贴。奖学金包括伙食费、住宿费、交通费、电话费、医疗保险费、交际费、一次性安置费、签证延长费等。

自2018年以来，我国中央政府和地方政府密集出台了一系列针对大学生赴国际组织实习与任职的鼓励、支持政策，旨在培养具有国际视野的高素质人才，促进中国与世界的交流与合作。

2018年9月，教育部发布《2018年国家留学基金资助出国留学人员选派简章》，明确了国家公派留学人员中的国际组织类别，包括赴国际组织实习与任职的大学生。该类别的申请人需具备良好的外语能力、专业知识和沟通协调能力，以及对国际组织工作的热情和兴趣。

2019年1月，教育部发布《2019年国家留学基金资助出国留学人员选派简章》，进一步完善了国家公派留学人员中的国际组织类别，增加了赴联合国教科文组织、联合国开发计划署等多个国际组织实习与任职的机会，并明确了申请条件、申请程序和资助标准等。

2019年6月，教育部发布《2020年国家留学基金资助出国留学人员选派简章》，继续增加了国家公派留学人员中的国际组织类别的数目，增加了赴联合国粮食及农业组织、联合国环境规划署等多个国际组织实习与任职的机会，并提高了资助标准和服务保障水平。

2020年4月，教育部发布《2021年国家留学基金资助出国留学人员选派简章》，进一步优化了国家公派留学人员中的国际组织类别，增加了赴联合国儿童基金会、联合国难民事务高级专员公署等多个国际组织实习与任职的机会，并强化了培训指导和信息平台建设等。

2022年4月，教育部发布《2022年国家留学基金资助出国留学人员选派简章》，持续推进了国家公派留学人员中的国际组织类别的完善工作，增加了赴联合国贸易与发展会议等多个国际组织实习与任职的机会，并完善了申请材料和评审标准等。

此外，教育部针对大学生赴国际组织实习与任职还专门下文，先后出台《教育部做好2018届全国普通高等学校毕业生就业创业工作的通知》（教学［2017］11号）和《教育部关于促进普通高校毕业生到国际组织实习工作的通知》（教学［2017］6号）两个文件支持大学生赴国际组织实习与任职。

除了国家层面的政策，一些地方政府也出台了相应的政策，如北京市、上海市、广东省、浙江省等，为赴国际组织实习与任职的大学生提供了额外的资金支持、服务保障和就业指导等。这些政策的实施，为大学生赴国际组织实习与任职创造了良好的条件，也为中国与国际组织的人才交流合作开拓了新的空间。以上这些政策的实施，为我国大学生赴国际科技组织实习提供了强有力的支持，使赴国际科技组织实习的学生人数逐年增加，向国际科技组织输送人才的效果也越来越好。

第二节　国际科技组织实习与任职的机制保障

在国家和地方政策出台的推动下，国际科技组织人才选拔与培养的各类保障机制和实施项目也在2015年以后逐渐增多，国际组织人才需求信息网络平台和科技类国际组织人才需求信息平台相继搭建，我国大学生和科技工作者赴国际科技组织实习与任职进入一个全新的时期。

一、各类国际组织人才培养输送项目

（一）国际组织实习项目

为了落实国家关于国际组织人才培养与输送的文件精神，国家留学基金管理委员会（简称“国家留基委”，英文简称CSC）率先为培养输送国际组织人才建立了稳定的“国际组织实习项目”。该项目通过资助国内大学生、研究生及年轻专业人士参加国际组织实习，培养具有国际视野、跨文化沟通能力和专业素养的高级人才。

拓展阅读

国家留学基金管理委员会

国家留学基金管理委员会成立于1996年，是由教育部、人力资源和社会保障部、国家发展改革委员会、财政部等十余个部委和中央机构共同组建的直属于

教育部的非营利性事业法人机构。国家留学基金管理委员会设委员会和秘书处。委员会为咨询审议机构，秘书处为常设工作机构。

国家留学基金管理委员会根据国家法律、法规和有关方针政策管理、使用国家留学基金；用法制和经济手段管理出国留学和来华留学事务，合理确定有关资助项目与方式；制定管理规章，发挥基金使用效益；受委托管理各项与国外双边、多边交换或单方奖学金，资助有益于中国教育事业和对外友好关系发展的项目；与境内外相应机构开展交流合作，并接受委托管理有关教育交流和科技合作的其他事务。

国家留学基金主要来源于国家财政拨款，也接受并积极争取国内外捐助。

办公地址：中国北京市西城区车公庄大街 9 号

通信地址：中国北京市西城区车公庄大街 9 号

邮政编码：100044

热线电话：86－10－88395090

网址：https：//www. csc. edu. cn/

2014 年，国家留基委主动将国家的国际组织人才培养政策转变为具体的可操作的工作机制，积极推进相关项目实施，保障目标实现的政策执行和资金资助。同年，经人力资源和社会保障部和教育部的同意，国家留基委开始组织队伍、开展前期调研、落实接受中国实习人员的国际组织、设计并制定国际组织人才培养方案。2014 年底，国家留基委正式下文，设立“国际组织实习项目”，并向有关高校和各省教育行政单位下达通知。2015 年，国家留基委首批选拔资助了 23 位大学毕业生和青年学者到联合国教科文组织等国际组织中做实习生和担任初级专业人员（JPO）。2016 年国家留基委资助和派出 35 人，2017 年派出 86 人，2018 年派出 226 人，2019 年 1 月到 9 月派出 380 多人。2019 年 9 月，国家留基委共选拔、资助和派出 750 多名国际组织实习生、初级专业人员和访问专家。

为了更好地向国际组织输送人才，国家留基委与联合国教科文组织联合派遣并资助青年人才赴联合国教科文组织实习见习。随后，国家留基委逐渐加大与联合国和其他国际组织的合作力度，逐步派出与资助青年去国际组织尤其是国际科技组织实习与任职。到 2022 年，国家留基委已经与联合国教科文组织、联合国粮农组织、联合国开发计划署、国际民用航空组织、联合国工业发展组织、世界气象组织、联合国难民事务高级专员公署和世界粮食计划署等多个国际组织建立合作关系，每年派遣800名左右的青年人才赴上述国际组织实习。

拓展阅读

国家留学基金管理委员会国际组织实习项目

国家留学基金管理委员会国际组织实习项目是我国政府为支持和鼓励国内优秀青年学子赴国际组织实习而设立的一个重要项目。

一、项目背景

随着全球化的不断深入和中国国际地位的不断提高，我国政府越来越重视人才的国际化培养。为了推动国内人才赴国际组织实习和工作，国家留学基金管理委员会设立了国际组织实习项目，以资助国内优秀青年学子参加国际组织的实习。

二、项目目标

国际组织实习项目通过支持国内青年学子赴国际组织实习，促进中外人才的交流与合作，增大中国在国际组织中的影响力。此外，实习项目可以使实习生在国际组织中获得宝贵的在国际组织中工作的实践经验，提升实习生自身的国际视野、跨文化沟通能力和专业素养，从而为国家战略发展输送具有国际化背景的高端人才，增强国家的综合竞争力。

三、项目实施

1. 申请资格

国际组织实习项目主要面向在校大学生、研究生等年轻专业人士。申请者需具备良好的学术成绩、专业背景和英语能力，有志于从事国际组织工作。

2. 申请流程

申请者需先在中国国家留学基金管理委员会官网注册并提交相关材料，然后参加选拔面试。通过选拔的申请者将获得项目资助，赴国际组织实习。

3. 实习安排

实习项目主要涉及联合国等国际组织的多个部门和领域。根据实习生专业和兴趣，国际组织将他们分配到相应的实习岗位上。实习期一般为3～6个月，具体时间根据国际组织的实际安排和实习生的需求而定。

4. 资金支持

项目为获得资助的实习生提供一定的资金支持，包括往返国际机票和实习期间的生活费、住宿费等。资助金额根据实习地点、实习期限等因素综合确定。

5. 实习辅导与跟踪

中国国家留学基金管理委员会将为实习生提供实习前培训、实习期间辅导和实习后的跟踪服务。通过定期与实习生沟通，中国国家留学基金管理委员会能了解他们在实习过程中遇到的困难和问题，并提供相应的帮助和支持。

6. 实习成果与评价

实习生需在实习结束后提交实习报告，总结自己在实习过程中的收获和成长。同时，实习单位也会对实习生的表现进行评价，为实习生提供宝贵的建议。

四、项目影响

1. 提升国际形象

通过实习项目，中国政府展示了对国际合作的重视和承诺，有助于提升中国在国际社会的形象。

2. 促进双向交流

实习生在国际组织中的表现，有助于增进中国与国际组织之间的了解和信任，促进双向人才交流与合作。

3. 培养复合型人才

实习生在国际组织实习期间，将深入了解国际组织的工作机制、政策方向和项目实施，为今后从事相关工作积累宝贵经验。

4. 提高国内教育质量

通过实习项目，国内高校和科研机构可以借鉴国际组织的先进教育理念和管理模式，改进教育教学和科研工作，提高国内教育质量。

国际组织实习项目是一个重要的人才培养项目。项目通过资助国内优秀青年学子赴国际组织实习，力求培养具有国际视野、跨文化沟通能力和专业素养的高级人才，服务国家战略发展，推动国内科技事业的进步。

通过国家留基委去国际组织实习的我国在校学生和青年学者主要分为三种身份：实习生（3～6 个月），初级专业人员和访问专家。

另外，部分去联合国教科文组织的实习生被教科文组织称为“受训者”

(trainee)，实习工作时间可以延长到 1 年。国家为联合国教科文组织实习项目和派出的实习人员提供了相当丰厚的资助资金，资助标准已经达到了发达国家政府对国际组织实习生的资助水平。

国内部分高校和申请实习人员如果已经自行联系并获得其他重要国际组织（政府间组织和非政府组织）的实习机会，也可以向国家留基委提出申请，国家留基委也可经过对该国际组织的审核以及与其他申请者同样的审批程序后，酌情为申请者提供资助经费和实习机会。目前，国家留基委已经同意 108 所大学和全国各省市自治区的教育行政部门及下属机构受理全国大学生、研究生和青年学者（含中国籍海外留学生）的国际组织实习申请。

可喜的是，合肥工业大学对国际组织实习生的选派也已初见成效。合肥工业大学作为国内知名工科类高校，一直以来非常重视在校大学生参与国际科技组织的实习工作。合肥工业大学根据当前国际形势，结合大学生实际情况，积极开展国际组织远程实习项目，从 2020 年到 2022 年已经派出近 20 位同学参与国际科技组织远程实习，取得了良好的效果。

（二）国际组织后备人才项目

这是国家留基委新设立的一个人才培养项目。最初，这个项目被放置在国家留基委的“创新人才培养项目”中，作为“创新人才”来资助培养。2018 年该项目开始独立运作，国家留基委发布了《关于做好 2019 年国际组织后备人才项目实施工作的通知》（留基委［2018］10039 号），正式把我国高校在读本科生和研究生作为国际组织后备人才，提供出国留学培养的财政资助。该项目经由下列两种途径实施。

第一种途径是，国家留基委明确鼓励已经与世界著名大学合作开展国际组织人才培养的国内高校，向国家留基委提出国际组织后备人才培养项目申报方案。国家留基委经过专家对联合培养方案的评审后，向被批准高校提供“国际组织后备人才专项奖学金”，以便相关高校在参加联合培养项目的学生中选拔优秀学生，资助他们出国赴著名大学学习相关专业和课程，攻读硕士、博士学位。国家留基委要求，这些学生在国外学习期间，应该有机会去国际组织实习见习。该项目还可以为相关高校提供部分经费，为高校分担聘请外国专家来华授课和合作研究的费用。从统计数据看，2019 年有包括北京大学、中国人民大学、北京外国语大学、复旦大学、上海财经大学、上海外国语大学、山东大学、广东外语外贸大学等近 20 所高校的 50 多个项目获得了国家留基委的项目资助，第一批受资助的近千名学生已经在 2019 年出国留学。

第二种途径是，国家留基委直接与国外高校和国际组织联系，设立国际组织后备人才培养的硕士项目，每年吸引中国本科毕业生、研究生和中国的海外留学生申请该项目。申请者经国家留基委推荐并被国外院校和国际组织录取后，即由国家留基委资助赴这些院校攻读硕士学位。获得硕士学位后，这些留学生应直接争取去国际组织实习。

拓展阅读

国际组织后备人才项目

随着中国经济社会的快速发展，我国的国际地位逐渐上升，我国在全球事务中发挥着越来越重要的作用。为了增大我国在国际组织中的话语权，提高我国在国际组织中的人员配备质量，国家留基委决定开展“国际组织后备人才项目”，旨在培养一批具有国际视野、专业素质和实践经验的优秀人才，为我国在国际组织中的参与和发展贡献力量。

该项目目标主要是培养具有全球视野、高度责任感和专业素质的国际组织后备人才，以满足我国在国际组织中的人才需求，提高我国人才在国际组织中的地位和影响力，增大我国在国际组织中的话语权，促进国内外优秀人才的交流与合作，提升我国人才队伍的国际化水平。

申请该项目的条件主要有以下两点：一是具有中国国籍，遵纪守法，品学兼优，具有较高的专业知识水平，具备一定的国际工作经验和语言能力，有志于从事国际组织工作，具有较强的团队合作精神和创新能力；二是申请者的年龄一般在 35 岁以下，具备硕士及以上学位、在国内外享有较高声誉、有突出业绩者优先。

项目申报与选拔的流程如下。

1. 提交申报材料

申请者需要提交个人简历、学术成果、国际工作经历等相关材料。

2. 项目申报时间

每年 4 月至 5 月进行项目的报名，申报截止时间需要及时关注项目官方网站。

3. 项目选拔过程

该项目的选拔过程主要有申请材料初审、面试、综合评定、公示几个环节。

4. 项目选拔标准

项目选拔时综合考虑申请人的学术背景、国际工作经历、语言能力、团队合作精神、创新能力等因素。

申请结果会通过项目官方网站及相关渠道发布，也会通过邮件、电话等途径通知申请者个人。

国际组织后备人才项目的实施，有望为我国在国际组织中的参与和发展贡献力量，提高国际话语权，为中国的经济社会发展和国际地位提升做出更大的贡献。

（三）其他国际组织人才培养项目

除了国家留基委创建的上述两个项目，我国的一些政府部门和国家机构，如外交部、财政部、工业和信息化部、科学技术部、农业农村部和中国科学院等，也分别设立了一些国际组织人才培养推送机制和项目。科学技术部和中国科学技术协会的项目对国际科技组织实习与任职的支持相对较多。

例如，“中国国际公务员能力建设项目”由外交部与人力资源和社会保障部资助，具体由中国联合国协会负责。该协会每年邀请一所国内著名高校承办该项目培训班。北京大学承办了第 1 期，复旦大学承办了第 2 期，北京外国语大学承办了第 3 期，至今已经举办了 9 期。在该项目中授课的名家荟萃，面向全国各个行业，每期有 100 位至 200 位学员，该项目在国内高校有着一定的影响力。

拓展阅读

中国国际公务员能力建设项目

中国国际公务员能力建设项目由外交部与人力资源和社会保障部资助支持，旨在提高中国公务员参与国际组织的能力，促进国际交流与合作。

一、项目背景

随着中国在国际事务中的地位日益重要，中国在国际组织中的参与度逐渐加大。为了更好地发挥中国在国际舞台上的作用，推动国际交流与合作，外交部与人力资源和社会保障部资助支持中国联合国协会举办中国国际公务员能力建设项目。

二、项目目标

提高中国公务员在国际组织中的参与度和影响力；培养一批具备国际视野和专业素养的高素质国际公务员人才；促进国际交流与合作，提升中国在全球治理中的贡献度。

三、培训内容

该项目的培训内容主要包括以下几项：(1) 系统培训，主要包括国际组织知识、外交礼仪、跨文化沟通等课程；(2) 专业讲座，主办方邀请国际组织专家和实践者分享国际组织工作经验和获得的见解；(3) 实战模拟，主办方会组织一些模拟国际组织举办会议进行国际谈判的相关演练等；(4) 国际交流，主办方会组织一些国际组织职员的交流活动，提升国际合作能力。

四、培训方法

该项目的培训经常采用线上线下相结合的方法，通过网络平台和实体课堂相结合的方式，使学习方式更为灵活；此外还有小组讨论和实践应用等。

中国国际公务员能力建设项目对于提升中国公务员的国际化水平、加强国际交流与合作具有重要意义。这一项目的成功实施将为中国在国际舞台上发挥更大作用奠定坚实基础。

科学技术部是国际科技组织人才培养与输送的重要政府部门。到 2019 年科学技术部已经连续举办 7 期“国际组织及国际大科学计划人才能力建设研修班”，每届有 50～70 名学员。通过研修班的培养，学员们深化了对参与国际组织、国际大科学计划和工程的认识，增进了对我国科技外交事业和国际科技合作工作的了解，提高了参与国际组织岗位竞聘的能力，坚定了投身国际组织、国际大科学计划和工程相关工作的信念。该项目为我国国际科技组织人才输送工作做出了重要贡献。

拓展阅读

国际组织及国际大科学计划人才能力建设研修班

科学技术部举办的国际组织及国际大科学计划人才能力建设研修班，旨在提高中国科研人员在国际科技领域内的影响力，促进国际科技合作。下面简要对该研修班进行介绍。

一、研修班的背景

随着科技水平的不断提高，我国在国际科技领域内的影响力逐渐增强。为进一步提升中国科研人员的国际影响力和参与国际大科学计划的能力，科学技术部举办了国际组织及国际大科学计划人才能力建设研修班。

二、研修班的目标

该研修班的目标是提高中国科研人员在国际科技组织和大科学计划中的参与度和影响力；培养一批具备国际视野和专业素养的高水平科研人才；促进国际科技交流与合作，推动全球科技创新发展。

三、研修班的意义

该研修班的举办对于我国国际科技组织人才输送工作具有重要意义。第一，培养了一批具有国际视野和专业素养的高水平科研人才，为中国科技领域的国际合作奠定了人才基础；第二，通过国际科技交流与合作，促进了全球科技创新发展，使之共同应对全球性挑战；第三，提高中国科研人员在国际科技组织和大科学计划中的参与度和影响力，使国际科技政策更好地符合中国和发展中国家的利益；第四，加强国际科技合作，促进中国科技成果的国际传播和应用，提升中国科技创新成果的全球价值。

农业农村部也是我国国际科技组织人才培养与输送的重要部门。从 2015 年开始，农业农村部就设立了“扬帆出海”人才培训工程，每年举办“国际组织后备人才培训班”。2021 年“扬帆出海”人才培训工程——渔业“走出去”国际合作能力建设培训班在中国-上海合作组织地方经贸合作示范区成功举办。这一项目成为我国农业人才赴国际科技组织实习与任职的又一个重要国家级项目，为我国农业科技人才在国际组织中发出中国声音、传播中国经验、扩大中国影响力做出了贡献。

拓展阅读

“扬帆出海”人才培训工程

农业农村部举办的“扬帆出海”人才培训工程，旨在提高农业领域人才在国际组织中的参与度和影响力，推动农业国际合作。

一、培训工程的背景

随着中国农业的快速发展，农业领域在国际事务中的地位日益提升。为推动农业国际合作，提升中国农业领域人才在国际组织中的参与度和影响力，农业农村部举办“扬帆出海”人才培训工程。

二、培训工程的目标

提高农业领域人才在国际组织中的参与度和影响力；培养一批具备国际视野和专业素养的农业领域后备人才；促进农业国际合作，推动全球农业可持续发展。

三、项目的意义

农业农村部举办的“扬帆出海”国际组织后备人才培训工程对于提升中国农业领域人才的国际化水平、加强农业国际合作具有重要意义。

二、国际科技组织人才需求信息服务平台

近年来，我国有关部门还充分利用现代信息技术，建立国际组织人才岗位需求信息服务平台。主要的国家级平台有以下三个。

（一）国际组织人才信息服务网

该平台由国家人力资源和社会保障部在2015年底创建。国际组织人才信息服务网是目前我国最为重要、信息也最为丰富的国际科技组织实习、任职信息服务平台。该网站能够提供全面、权威、实时的国际组织就业信息，促进公众了解国际组织的实习就业机会，旨在提高我国人才在国际组织中的参与度和影响力。

国际组织人才信息服务网网站主页如图6-1所示。网站提供国际组织的招聘职位、职位描述、申请流程等信息查询服务，支持网站用户在线投递简历，方便用户快速申请国际组织职位。同时，网站还提供国际组织职业发展规划建议，帮助用户更好地规划职业生涯。另外，网站还设有专门的交流互动区域，便于有国际组织实习与任职经历的用户分享经验、讨论问题。

该网站的成功运营为我国人才在国际组织中发挥更大作用，推动国际人才交流与合作，提升我国在国际组织中的地位奠定坚实基础。

图 6－1 国际组织人才信息服务网网站主页

（网址：http：//io. mohrss. gov. cn/）

（二）高校毕业生到国际组织实习任职信息服务平台

该平台是由教育部学生服务与素质发展中心（原全国高等学校学生信息咨询与就业指导中心）建立的。高校毕业生到国际组织实习任职信息服务平台分为7个板块，它们分别是“首页”“岗位信息”“国际组织介绍”“资讯报道”“高校动态”“培养培训”和“人物故事”（图6－2）。该平台提供的信息与提供信息的方式比较符合大学生学习和就业心理的需要。

图 6-2 高校毕业生到国际组织实习任职信息服务平台网站主页
（网址：https：//gj. ncss. cn/）

（三）“国际科技组织”平台

第 3 个重要平台就是中国国际科技交流中心网站下属的“国际科技组织”平台（图 6-3）。该平台分为“国际组织事务”“中国科协联合国咨商”“‘一带一路’科技组织合作”“国际组织简介”“国际组织招聘信息”“专家履职服务”“ISC-CHINA”7 个板块。该平台详细介绍了科技人才加入国际科技组织的步骤，以及我国当前国际科技组织建立情况。该平台还有针对性地为科技人才提供了国际科技组织的人才招聘信息，极大地方便了科技人才去国际组织求职应聘。

图 6－3　“国际科技组织”平台

（网址：https：//www.ciste.org.cn/）

除了上述3个国家级国际组织人才信息平台，许多政府部门和高等院校也在人力资源、大学生就业、学生职业生涯指导等网络平台和新媒体公众号上开设了国际组织人才信息栏目。这些举措都极大地丰富了广大青年和学生收集信息、了解国际组织、设计职业生涯发展、获得必要辅导的资源与途径，为我国向国际科技组织输送人才提供了信息保障。

INTERNATIONAL ORGANIZATIONS

第七章

国际科技组织远程实习

随着全球化时代的到来和科学技术的快速发展，尤其是互联网技术和视频传输技术的突飞猛进，各类实习形式也在发生巨大变革。一种新兴的实习形式——远程实习已逐渐成为国际科技组织普遍采用的实习方式。

远程实习是指通过互联网技术，将实习生和国际组织连接起来，实习生可以在家中或其他地方完成实习任务。这种实习方式突破了地域限制，为实习生提供了更多机会。

大学生要想在国际科技组织中进行远程实习，就必须深入了解实习报名与申请条件。申请远程实习的过程既是机遇，又充满了挑战。国际科技组织远程实习是当代青年和大学生展示自己的才华和潜力、赢得信任和认可、服务全球科技的又一绝佳路径。

第一节　远程实习概述

一、远程实习的概念

远程实习，又称为虚拟实习、在线实习或数字化实习，是一种新型的实习形式。实习生通过互联网技术与实习单位保持联系，完成实习任务。这种实习方式的出现得益于互联网、通信技术的飞速发展，以及企业和组织对多样化的人才需求。远程实习不仅适用于国际组织，还适用于政府机构、非营利组织、企业等各种实习单位。

对于大学生和愿意参与国际科技组织实习的青年科技工作者来说，参加远程实习具有以下几方面的优势。

第一，远程实习为实习生提供了在国际科技组织中实习的机会，有助于提高实习生的职业技能和开阔全球视野，增加就业竞争力，为未来职业生涯的发展提供助力。

第二，远程实习能够突破地域的限制并达到实习的目的。由于远程实习不受地域限制，国际科技组织实习生可以在家乡、学校或其他地点完成实习任务，节省交通和住宿成本。更为重要的是，远程实习可以使国际科技组织实习生在灵活的时间安排下进行工作，从而提高工作效率。

第三，远程实习能够增加国际科技组织的多样性和包容性。远程实习能够使国际组织吸引到来自不同国家、地区和拥有不同文化背景的实习生，从而增加了国际科技组织的多样性和包容性。

第四，通过远程实习能够达到拓展国际合作的目的。远程实习有助于国际组织之间的交流与合作，促进全球合作和发展，为进一步提高国际科技组织的效率和合作提供新的路径。

二、远程实习的意义

国际科技组织远程实习对于培养具备全球视野的人才、实现资源优化配置、促进国际合作与发展、降低实习成本与门槛、提高实习生的适应能力与自律性、响应环保与可持续发展理念、促进教育改革与创新、提高实习生的就业竞争力以及推动科技发展与应用都具有积极作用。未来，随着科技进步和政策法规的完善，远程实习将在国际科技组织实习领域内发挥更大的作用，为国际组织实习生、实习单位和教育机构带来更多机遇和价值。具体来说，远程实习的意义主要体现在以下几方面。

（一）培养具备全球视野的人才

国际科技组织远程实习会为实习生提供更多接触多元文化背景和国际化工作环境的机会，以拓宽实习生视野，提升跨文化沟通能力。通过参与国际科技组织的工作，实习生可以更深入地了解全球事务和科技发展的最前沿内容，培养国际化科技人才。

（二）实现资源优化配置

远程实习突破了地域限制，使国际科技组织能够吸引全球范围内的优秀科技人才，实现科技人才人力资源的优化配置。同时，实习生也能够选择更适合自己发展的实习机会，提高个人职业发展的匹配度。

（三）降低实习成本与门槛

远程实习降低了实习生的交通、住宿等生活成本，使更多有志于去国际科技组织工作的年轻人能够参与其中。同时，实习单位也可以节省实习生的办公空间和设备成本，实现资源的高效利用。

（四）提高实习生的适应能力与自律性

在远程实习过程中，实习生需要适应在线沟通和协作的方式，培养自主学习和自律的能力。这些技能在未来职场生涯中将具有重要价值。此外，远程实习还能锻炼实习生在面对挑战和困难时解决问题的能力，提高其适应能力。

（五）促进教育改革与创新

随着远程实习在国际科技组织中的广泛采用，教育机构需要与时俱进，调整教学内容和方法，以适应远程实习的需求。通过与国际科技组织的合作，教育机构可以为学生提供更丰富的实习资源，培养具备实际工作能力的科技人才。

（六）提高实习生的就业竞争力

通过参与国际科技组织的远程实习，实习生可以积累丰富的实习经历和职业技能，提高自己在就业市场上的竞争力。此外，远程实习还有助于实习生建立起全球化的人际网络，为今后的职业发展奠定基础。

（七）推动科技发展与应用

远程实习的推广和普及有赖于互联网、通信技术等科技的不断发展。科技进步为远程实习提供了技术支持，同时也催生了更多创新应用，如虚拟现实、增强现实等技术在实习中的应用，为实习生提供更接近现场的实习体验。

三、远程实习的主要内容

远程实习是指通过互联网和远程通信技术，在不同地点之间进行实习活动。随着科技的不断发展和全球化的推进，越来越多的国际科技组织开始采用远程实习的方式，为学生和青年科技人才提供实践机会。

国际科技组织远程实习的主要内容包括以下几个方面。

（一）参与项目的研究和服务

远程实习可以让实习生参与到国际科技组织正在进行的项目中，从事具体的任务和工作。这些工作将涉及研究和调查、数据收集和分析、文档编写、项目管理等。实习生通过远程协作与团队成员合作，为国际科技组织项目的实施和完成做出贡献。

（二）参与项目的研究和数据分析

国际科技组织通常需要收集、整理和分析大量的数据和信息，以便制定政策、做出决策或者支持科研项目的实施。远程实习生可能需要参与到这些研究和分析工作中，协助国际科技组织的专业人员进行文献研究、数据收集、报告撰写等任务。

（三）提供政策制定相关建议

国际组织通常在全球范围内制定政策、规范或国际标准，以解决各种全球性的科技问题。远程实习生可能需要参与到政策制定的过程中，了解和研究相关的问题，并提出自己的建议和意见。这可能会涉及政策分析、立法研究、政策评估等方面的工作。

（四）帮助组织实现沟通和协调

远程实习生通常需要与国际科技组织的成员和其他实习生进行沟通和协调工作。这可能包括参加远程会议、讨论项目进展、协商工作安排等。通过与不同国家和文化背景的人员进行远程协作，实习生可以提高跨文化沟通和团队合作的能力。

（五）经验分享和交流

国际科技组织通常会组织远程实习生之间的交流活动，以促进彼此之间的经验分享和互动。这可能包括虚拟工作坊、网络论坛、在线讨论等形式。实习生可以借此机会与其他同行交流，分享彼此的学习和工作经验，从中获得启发和建议。

第二节　远程实习的报名与申请

随着科技的发展和全球化的趋势越来越明显，越来越多的国际科技组织提供了远程实习的机会，让学生和专业人士可以在不同的国家和地区参与科技项目和活动，拓宽视野，增进交流，提升能力。国际科技组织远程实习报名和申请的基本步骤如下。

第一，了解不同的国际科技组织和远程实习项目。申请者可以通过网络搜索、咨询老师或同学、参加相关的讲座或活动等方式，获取国际科技组织的基本信息，如宗旨、领域、规模、合作伙伴等。同时，申请者也要关注不同的远程实习项目的具体要求，如学历、专业、语言、经验、时长、职责等。申请者应该根据自己的兴趣和能力，选择适合自己的国际科技组织和远程实习项目。

第二，准备相关的材料和文件。一般来说，报名和申请国际科技组织的远程实习者需要提供以下几类材料和文件：个人简历、个人陈述、推荐信、成绩单或证书等。申请者应该认真准备这些材料和文件，突出自己的优势和特点，展示自己对国际科技组织和远程实习项目的热情和适合度。申请者也应该注意遵循不同的国际科技组织和远程实习项目申请材料的格式和规范，如字数、字体、页边距等。

第三，提交报名和申请表格。在准备好相关的材料和文件后，申请者就可以通过网络或邮寄的方式提交报名和申请表格了。申请者应该仔细填写表格中的各项内容，确保信息的完整性和准确性。同时，也应该注意截止日期和确认邮件等细节，避免错过机会或出现问题。

第四，参加面试或测试。如果通过了初步的筛选，申请者可能会收到国际科技组织或远程实习项目负责人的邀请，参加面试或测试。这是一个重要的环节，因为它可以让对方更深入地了解申请者的情况，并且给申请者一个展示自己的机会。申请者应该提前做好充分的准备，如复习相关的知识点，准备一些常见的或可能出现的问题及回答等。

第五，等待结果并做好后续工作。在完成面试或测试后，申请者就可以耐心地等待结果了。一般来说，在一个月内申请者就会收到国际科技组织或远程实习项目负责人的通知，告知申请者是否被录取，并且提供一些后续工作的指示，如签署合同，参加培训，安排工作计划等。此时申请者应该及时回复通知，并且按照指示完成后续工作，为远程实习做好准备。

总之，申请国际科技组织的远程实习是一个细致和需要认真对待的过程，但也是一个充满挑战和机遇的过程。

一、远程实习申请平台与服务公司

在国际科技组织远程实习报名与申请过程中，一些申请平台和服务公司会专门提供相关的招募和支持服务，以帮助学生和专业人士找到适合自己的远程实习机会。下面介绍部分国际科技组织远程实习申请平台和服务公司。

（一）Intern Abroad HQ

Intern Abroad HQ 是一家专注于提供实习机会的服务公司，他们与各种国际科技组织建立了合作关系，为学生和专业人士提供远程实习机会。其网站上提供了详细的项目信息和申请流程，学生可以根据自己的兴趣和需求选择适合自己的实习项目。

【平台网址：https：//www. internhq. com/】

（二）Global Experiences

Global Experiences 是一家专门为学生提供海外实习机会的组织，他们也提供远程实习的选项。他们与一些知名的国际科技组织合作，为学生提供了各个领域的远程实习机会。学生可以通过其网站进行注册和申请。

【平台网址：https：//www. globalexperiences. com/】

（三）Go Abroad. com

Go Abroad. com 是一个全球性的留学和实习平台，提供了大量的国际科技组织远程实习项目信息。学生可以在其网站上寻找不同的实习机会，并通过在线申请系统进行申请。其平台还提供了许多有关远程实习的资源和指南。

【平台网址：https：//www. goabroad. com/】

（四）IES Abroad

IES Abroad（全称为 Institute for the International Education of Students）始建于 1950 年，是美国著名的国际学生交流教育机构，为全球近 500 所一流大

学和学院提供高质量的国际学术交流项目及实习实践项目。该平台也为学生提供远程实习服务。

【平台网址：https：//www.iesabroad.org/】

（五）UN Volunteers

联合国志愿人员组织是联合国旗下的一个志愿者组织，为有志于参与国际合作和发展的人士提供志愿者服务和实习机会。其网站上提供了远程实习项目的信息和申请流程，包括与不同联合国机构合作的机会。

【平台网址：https：//www.unv.org/】

（六）CIEE

美国国际教育交流协会（Council on International Educational Exchange，简称 CIEE）是一家非营利性的国际教育交流组织，提供了多种留学和实习项目，包括远程实习。他们与一些国际组织合作，为学生提供与全球问题相关的实习机会。

【平台网址：https：//www.ciee.org/】

（七）Virtual Internships

Virtual Internships 是一家专门为大学毕业生提供远程实习机会的服务公司，他们与各种国际组织建立了合作关系。其平台上提供了多个领域的实习机会，包括国际发展、环境保护等。学生可以通过他们的网站了解项目详情并提交申请。

【平台网址：https：//www.virtualinternships.com/】

（八）Remote Year

Remote Year 是一个组织远程工作和实习的平台，他们为学生和专业人士提供全球范围的远程实习机会。他们与多个国际科技组织合作，为实习生提供灵活的远程工作安排和专业支持。

【平台网址：https：//www.remoteyear.com/】

除了上述的平台和公司，还有许多其他的机构和组织也可以提供国际组织远程实习的服务。一些高校和教育机构也设有专门的实习部门或者国际交流办公室，为学生提供远程实习的机会和支持。

在选择国际组织远程实习报名平台或服务公司时，应该注意以下几点。

第一，可信度和声誉。选择有良好声誉和可信度的平台或公司，以确保实习的质量和安全性，有些信息需要申请者通过网络或者学校提供的资料进行查询，也可以向高校就业管理机构或者国际事务机构咨询。

第二，项目多样性和匹配度。申请者应尽量选择能够提供多样化实习项目的平台或公司，以便能够找到符合个人兴趣和专业领域的实习机会。这一点非常重要，对于科技类组织来说更是如此，因为专业的差异可能会导致实习工作的内容千差万别，专业匹配是成功实现远程实习的重要前提。

第三，平台或者服务公司是否能够为申请者提供支持和指导。远程实习对高校大学生来说是一个全新的概念，因此平台或服务公司如果能够提供适当的支持和指导，包括在申请过程中进行辅导、在实习期间进行监督和评估等，那么将会大大增加申请者获得远程实习的机会。

总体而言，国际科技组织远程实习的申请平台和服务公司为学生提供了便捷的途径来寻找和参与国际组织的实习。

拓展阅读

Global Cultural Adventurers（国际教育集团）

Global Cultural Adventurers（简称 GCA）组建于 2014 年，旨在整合国际科研、教育及社会文化资源，为中国大学师生量身定制及开发国际交流项目。

GCA 是国内众多高校认可的国际交流项目主办方，拥有众多丰富的境外国际组织资源，与超过 100 所国内高校建立了合作关系，拥有大量高校学生获得国际组织录取的成功案例。此外，GCA 还实施全面有效的安全保障措施，有针对性地开发海外资源。

GCA 的项目主要有以下几种形式。

（1）按照时长区分：包括 3～12 个月的中长期实习实训项目及不超过 3 个月的文化交流和参访项目。

（2）按照地点区分：涵盖国外实地项目、远程项目及远程与实地相结合的项目。

（3）按照开展方式区分：提供团组类和个体类两种形式的项目。

GCA 主要项目方向包括实习实践、人才培养、学科建设、文化交流、专业与社会调研等。其中包括“国际组织实习计划（远程/实习）”“碳中和国际化人才实训项目”“国际组织人才培养计划与参访项目”“大学生国际志愿者海外交流实习项目”等优质项目。

除上述已有的成熟国际项目外，GCA 每年还会根据学校和学生的需求开发新项目，助力学生开拓国际视野，获得高层次的实习实践机会，为高校学生留学深造、就业、创业等提供帮助。

二、远程实习的申请条件

国际科技组织远程实习岗位申请的条件通常包括以下七个方面。

（一）教育背景

申请人通常需要具备本科或研究生学历，专业方向应与所申请的实习岗位相关。还有一些国际科技组织可能会要求申请人具有一定的英语水平，如通过 TOEFL、IELTS 等考试。

（二）技能和经验

申请人需要具备一定的技能和经验，以满足实习岗位的要求。这可能包括熟练掌握计算机技能、良好的沟通能力、团队合作精神等。

（三）专业知识

根据实习岗位的不同，申请人可能需要具备特定的专业知识。例如，申请联合国环境规划署实习岗位的申请人可能需要了解可持续发展、环境保护等方面的知识。

（四）个人品质

国际科技组织非常注重申请人的道德品质、责任感和领导力。在申请过程中，申请人展示自己的社会责任感、积极参与公益活动的经历以及在团队中发挥领导作用的能力将有助于提高竞争力。

（五）文化适应性

由于国际科技组织的实习岗位通常涉及跨国合作和文化交流，因此申请人需要具备良好的文化适应性和跨文化沟通能力。这意味着申请人应了解不同国家和地区的文化差异，并能够适应多元文化环境。

（六）语言能力

为了更好地完成实习任务，申请人通常需要具备流利的英语口语和书写能力。一些国际科技组织还可能要求申请人掌握其他语言，如法语、西班牙语等。

（七）时间安排

国际科技组织实习岗位的时间安排通常较灵活，允许申请人在全球范围内进行远程工作。然而，申请人需要具备良好的时间管理能力，确保按时完成任务。

拓展阅读

国际组织远程实习测试题样题

Remote Internship Program for International Organizations Comprehensive Test

Name: School:

Email: Date:

Phone: Wechat:

NOTE:

1. *Please answer the following questions ONLY in English. You must complete all the 10 questions, or the organizer will not accept your application.*

2. *The organizer will keep your personal information confidential, including your name, school, contact information and answers.*

3. *After the assessment by the organizer, applicant who passes the test will receive an email from the organizer within 10 working days. If no reply is received, the applicant will fail the examination by default.*

4. *Please answer the questions independently. When you are done, please save your paper as a PDF, RENAME the profile as "Remote Internship Program-Your Chinese name-University" (eg. Remote Internship Program - Wang Xiaoming - Peking Unuversity).*

5. *The questions listed in this paper are all open questions with no standard answers. Please fully express your personal idea.*

#1. What do you think of the Remote Internship Program for International Organizations? Why do you want to take part in the program?

#2. Which international organization have you heard about or known? What role do you think it plays in international public relations?

#3. For an international organization with which you are familiar, if you are a primary-level staff/middle-level manager/senior leader, what are your priorities of work? Please choose one role to elaborate.

#4. If you start a global or regional international organization, what kind of organization would you like it to be? What would be the name of it and the main work?

#5. Have you ever taken part in the Students' Union or students' clubs? What's your position? Have you organized or participated in any activities?

#6. Do you have any internship or volunteering work experience? If yes, what did you learn?

#7. What's your English level? Did you pass any English proficiency test, such as CET 4/6, TEM 4/8, IELTS, TOEFL, SAT? What's your score?

#8. What capabilities and advantages do you have that will help you perform better in the internship?

#9. When you take part in the program, what are your expected difficulties and challenges?

#10. Have you made a significant decision that has changed your life? What was it?

三、远程实习的录取流程

国际科技组织远程实习的录取流程和相关要求可能因科技组织和项目不同而有所变化。

一般情况下，远程实习录取流程如下。

（一）申请提交

申请者需要根据国际科技组织提供的要求，准备并提交申请材料。申请材料可能包括个人简历、个人陈述、推荐信、成绩单、语言考试成绩等。申请者需要确保申请材料的准确性和完整性，并按照规定的截止日期提交申请。关于相关细节，前文已有介绍，在此不再赘述。

（二）材料评估

国际科技组织会对申请材料进行评估。评估的标准可能包括教育背景、语言能力、技能和专业知识、经历和成就、个人陈述的连贯性和动机等。评估过程可能由招募团队或专门的评估委员会实施。

（三）面试邀请

如果申请材料通过了初步评估，申请者可能会收到面试邀请。面试邀请可能是通过电子邮件或其他通信方式发送的。面试邀请中通常包含面试日期、面试方式（如视频面试或电话面试）及关于面试所需的对准备材料的说明。

（四）面试

面试是国际科技组织确定最终录取人选的重要环节。面试形式可能是一对一面试、小组面试或面试委员会面试等。面试内容通常涵盖申请者的背景、技能、经验、动机、适应性等方面。面试可能是结构化面试、行为面试或技能和知识测试。

（五）材料和面试评估

国际科技组织会对申请材料和申请者面试表现进行综合评估。他们会综合考虑申请者的学术能力、专业知识、语言能力、跨文化沟通能力、适应性和团队合作能力等因素。评估结果将用于决定是否录取申请者。

（六）录取决策

基于申请材料和面试评估，国际科技组织将做出录取决策。录取决策可能根据申请者的优势、适应性和项目需求等因素进行。一些国际科技组织可能会与候选人进行进一步的沟通，以讨论项目细节和录取条件。

（七）录取通知

一旦录取决策做出，国际科技组织将向录取的申请者发送录取通知。录取通知中通常包含录取确认的截止日期、录取后续步骤和要求等信息。申请者需要按时回复录取通知，并完成所需的后续步骤，以确认自己的录取资格。

（八）接受录取后的步骤

一旦申请者接收到录取通知，应按时回复并完成所需的后续步骤。这可能包括确认录取、提交所需的文件和表格、完成注册过程、参加远程培训等。申请者应仔细阅读和听从国际科技组织提供的指导，并与相关的招募团队或负责人保持沟通。

以上是一般情况下的录取流程，具体到不同的国际科技组织和项目可能会有所不同。

拓展阅读

国际科技组织远程实习面试注意事项

国际科技组织远程实习申请者在申请过程中需要注意以下几点。

第一，申请者需要提前准备。申请者应提前了解国际科技组织远程实习的录取条件和要求，并进行相应的准备。这包括准备个人简历、个人陈述、推荐信和其他相关材料，以展示自己的学术背景、技能和经验。

第二，申请者在面试过程中需要描述相关经历。在申请材料中，申请者应强调与实习项目相关的经历和成就。这可以通过描述相关的课程项目、研究项目、实习经验、志愿活动、社团参与情况等来展示自己的相关能力和兴趣。

第三，申请者要强调语言能力。国际科技组织远程实习通常要求申请者具备良好的语言能力，尤其是英语语言能力。良好的语言能力既是实习工作的需要，又是跨文化交流的前提。因此，申请者应在申请材料中表现出来良好的语言能力，如提供语言考试成绩或详细描述自己的语言背景和经验。

第四，准备个人陈述。个人陈述是申请过程中的重要部分，申请者应在个人陈述中清晰地阐述自己对实习项目的兴趣、动机和目标。申请者应强调与国际科技组织和实习项目相关的科研经历、研究技能和价值观，并展示自己对相关科研领域的热情和承诺。

第五，适当准备部分面试题的答案。远程实习申请者应事先准备一些常见的面试问题的答案，以便能够清晰、有条理地回答面试官的问题。这其中包括与个人背景、技能、经验、动机和适应性相关的多类问题。申请者可以通过模拟面试或与他人一起练习来提高自己的面试表现。

第六，展示申请者的适应性和团队合作能力。国际科技组织通常注重申请者的适应性和团队合作能力。申请者应准备好展示自己在跨文化环境中的适应能力、沟通技巧、解决问题的能力和团队合作经验。这可以通过提供相关的经历和例子来实现。

第七，注意截止日期和通知期限。申请者应密切关注国际科技组织提供的截止日期和通知期限，并按时提交申请材料和回复录取通知。逾期申请或未及时回复将会导致申请被拒绝或录取资格被取消。

第八，要准备备用方案。申请者可能对国际科技组织远程实习抱有很高的期望，但要做好申请不成功的准备，因此有必要考虑备用方案。因为竞争激烈，所以并不能100%保证申请者被录取。为此，申请者可以考虑同时申请其他类似的实习项目或机会，以增加成功的概率。

第九，要保持积极向上的态度。在整个录取过程中，申请者都应保持积极向上的态度，并展示出对国际科技组织远程实习的热情。这可以通过在面试中展示申请者自信、专业和真诚的态度，以及对实习项目有深入了解和研究来实现。

第三节　远程实习的岗前培训与入职

国际科技组织远程实习（简称“远程实习”）的岗前培训与入职，是一个旨在帮助实习生适应组织文化和工作流程的重要环节。远程实习的岗前培训与入职，需要实习生通过网络平台，参与各种在线课程、视频会议、小组讨论和完成项目任务，以提高自己的专业能力和沟通协作能力。远程实习的岗前培训与入职，也需要实习生积极主动地与指导老师和同事保持联系，及时反馈自己的工作进展和遇到的困难，寻求指导和支持。远程实习的岗前培训与入职，是实习生展示自己的才华与潜力，赢得组织信任和认可的良好机会。

一、远程实习岗前培训

国际科技组织远程实习岗前培训是指在实习生正式开始远程实习之前，由国际科技组织为其提供的一系列培训活动和资源。远程实习岗前培训旨在帮助实习生获得必要的知识、技能和背景，以便他们能够在实习期间更好地胜任工作。

国际科技组织远程实习岗前培训的内容可能因组织和项目的不同而有所变化，以下是一些常见的岗前培训内容。

第一，远程实习岗前培训为实习生提供了该国际科技组织的背景和使命等基础知识。实习生可以学习有关该组织的历史、结构、运营模式和核心价值观等信息，从而更好地了解其所在的工作环境和文化。此外，岗前培训还可能会介绍国际科技组织关于全球议题的工作领域和重点，帮助实习生对国际事务有更深入的理解。

第二，远程实习岗前培训还可能向实习生介绍相关的专业知识和技能。这包括国际事务、外交、公共政策、科学研究方法及该组织所涉及的专业知识等。通过学习这些知识和技能，实习生可以更好地应对实际工作中的挑战，提高工作的效率和质量。

第三，远程实习岗前培训还会介绍实习项目的具体内容、目标和职责。实习生可以全面了解他们在项目中的角色和责任，并获得与实习项目相关的详细信息。这些信息对于远程实习工作的开展具有重要意义，一般包括项目的目标、所需的技能和知识、预期的工作成果等信息。

第四，岗前培训的内容通常还会涵盖该国际科技组织的内部管理规定和工作程序，以确保实习生了解和遵守实习组织的规定。这部分内容主要包括机密信息保护、行为准则、安全措施、道德规范、文件管理等方面的指导。

第五，远程实习岗前培训还可能提供一些实践性的训练和模拟环境，以帮助实习生熟悉他们将要从事的工作内容和使用的工具。通过模拟实际工作任务、案例研究和角色扮演等活动，实习生可以提前了解工作的要求和期望，并获得解决问题和应对挑战的实践经验。

第六，远程实习岗前培训还可能为实习生提供一些资源和指导，帮助他们顺利开始远程实习。这包括提供技术支持、沟通渠道、学习材料和参考资料等。这种培训通常通过在线平台、虚拟会议、视频教程和交互式学习工具等进行。岗前培训的形式还可能是在线培训、召开远程研讨会、阅读培训材料、团队讨论等。一些国际科技组织可能还会提供导师或指导人员的支持，为实习生提供个别指导和反馈。

拓展阅读

远程实习岗前培训需要注意的事项

1. 提前准备

实习生应提前了解岗前培训的时间表和要求，并合理安排自己的时间以参加培训。在培训开始之前，实习生可以预习相关材料，了解该国际科技组织的背景和实习项目的细节。

2. 主动参与

在岗前培训期间，实习生应积极参与各种培训活动。这包括参与在线讨论、提出问题、与指导老师或其他实习生进行互动等。通过积极参与，实习生可以加深对实习项目和相关内容的理解，并与其他实习生建立联系。

3. 学习和反思

岗前培训提供了一个学习和反思的机会。实习生应在培训期间，不断学习和探索与实习项目相关的主题和领域。同时，他们也应该反思自己的学习和发展需求，以便在实习期间有针对性地提升自己的能力。

4. 与指导老师互动

如果岗前培训提供了指导老师或指导人员的支持，实习生应充分利用这一机会。与导师互动可以获得个别指导和反馈，解决疑问，并获取实践经验和建议。实习生可以提出问题、寻求指导，以确保自己在实习开始之前做好充分准备。

5. 记录和整理资料

在岗前培训期间，实习生会接收到大量的信息和资料。为了更好地掌握和运用这些信息，实习生需要记笔记、整理资料，并建立自己的学习档案。这有助于回顾和复习培训内容，并在实习期间提供参考。

6. 建立网络和合作关系

岗前培训是与其他实习生和指导老师建立联系和网络的良好机会。实习生应积极地与其他实习生互动、交流经验，并建立合作关系。这有助于实习生在实习期间获得支持和合作，并扩大自己的专业网络。

具体的岗前培训内容和要求可能因不同的国际科技组织和项目而异。实习生应仔细阅读和听从该国际科技组织提供的培训信息和指导，并根据要求参加培训。在岗前培训期间，实习生应积极参与、学习和反思，并与指导老师和其他实习生建立联系和合作关系。这将为远程实习的顺利进行提供良好的基础。

二、远程实习的入职准备

国际科技组织远程实习的入职是指实习生正式开始远程工作并加入实习项目的过程。入职是实习生与国际科技组织建立合作关系、熟悉工作环境和职责，以及开始履行实习任务的重要阶段。

以下是国际科技组织远程实习的一般入职准备。

（一）确认录取和入职信息

远程实习生应及时回复录取通知，并确认自己的入职细节，如入职日期和入职流程。确认录取和入职信息是确保远程实习生顺利入职的重要步骤。

（二）准备必要的材料

部分国际科技组织可能会要求实习生提交一些入职所需的材料，如签署合同、提供个人信息、填写相关表格等。实习生应仔细阅读并准备所需的材料，确保在入职前完成相关的准备工作以及及时提交相关材料。

（三）准备技术设备和网络连接

远程实习需要适当的技术设备和网络连接。实习生应确保自己具备适当的计算机、网络连接、软件和工具，并熟悉其使用方法。这包括远程办公工具、在线协作平台、项目管理软件等。

三、远程实习的入职流程

（一）远程介绍和欢迎会议

国际科技组织可能会组织远程介绍和欢迎会议，向实习生介绍组织的背景、实习项目的目标和期望，以及工作流程和沟通渠道，并为实习生提供必要的信息和指导。这是实习生加入组织的第一次互动。

（二）分配导师或指导人员

为帮助实习生顺利开展工作，国际科技组织通常会分配指导老师（简称“导师”）或指导人员。导师或指导人员将与实习生合作，并为其提供支持、指导和反馈。实习生可以向导师或指导人员咨询问题、分享进展，并从他们那里获得专业的指导。

（三）熟悉工作流程和规定

实习生需要熟悉该国际科技组织的工作流程、政策和规定。这包括了解项目的目标和工作计划、了解工作分配和任务分配的方式，以及遵守组织的行为准则和保密要求等。实习生应仔细阅读并理解相关文件和指南，确保遵守组织的规定和要求。

（四）熟悉团队和沟通渠道

实习生应了解团队各位成员的角色和职责，并与他们建立良好的工作关系和沟通渠道，这有助于顺利开展工作。实习生还需要熟悉所在团队的成员和各种沟通渠道，如电子邮件、在线聊天工具、视频会议等。

（五）确定目标和工作计划

实习生应与导师或指导人员一起确定个人的目标和工作计划。这包括明确实习项目的预期成果、确定任务和项目的时间表，并制定个人的学习和发展目标。确立清晰的目标和工作计划有助于实习生在远程实习中有条不紊地开展工作。

四、实习生履行的实习任务

（一）执行分配的任务

根据工作分配和项目计划，实习生应按时、按要求完成分配的任务。这可能包括课题研究、数据分析、报告撰写、文件整理、项目管理等。实习生应与团队成员保持沟通，确保任务顺利进行。

（二）参与团队协作

国际科技组织的远程实习通常涉及与团队成员远程协作。实习生应积极参与团队的讨论、会议和协作活动，分享意见和经验，并按照团队的要求和协作方式完成工作。与团队成员的有效合作有助于实现项目的共同目标。

（三）及时沟通和报告进展

实习生应及时与导师或指导人员沟通工作进展、遇到的问题和需要的支持。实习生可以定期报告进展、分享反馈，并寻求反馈和建议以改进工作。及时的沟通和报告有助于保持团队的协调和工作的顺利进行。

国际科技组织远程实习的入职是实习生正式开始工作和履行职责的关键阶段。实习生应遵守组织的规定和要求，熟悉工作流程和政策，与团队成员保持良好的沟通和合作关系，并通过学习和反思不断提升自己的能力。入职后，实习生将开始执行实习任务，并与导师和团队共同努力，实现项目的目标和使命。

INTERNATIONAL ORGANIZATIONS

第八章 国际科技组织介绍

国际科技组织是国际技术标准的制定者，也是多方利益和理念的协调者。国际交往要想顺利进行，需要各方共同认可并遵守国际标准与规定。如国际标准化组织（ISO）和国际电工协会（IEC）就是通过制定国际标准，协调世界范围内的标准化工作。这些国际标准在全球范围内得到广泛的认可和普遍的遵守，在科学研究、生产生活等多方面发挥着巨大的作用。

同时，国际科技组织还是国际规则的制定者。当前世界各国面临许多全新的问题，如气候变暖、重大疾病、深空深海和南极等公共疆域的科学探索等问题。在解决这些问题的过程中，需要制定新的国际规则，如碳减排、公共疆域的科考原则等。如果要去国际科技组织实习或任职，那么就必须对一些有代表性的、有影响力的国际科技组织有所了解。本章选取部分全球性国际科技组织和部分有影响力的区域性国际科技组织并做简单介绍。

第一节　全球性国际科技组织

在参考中国国际科技交流中心网站和学者们研究成果的基础上，本节选取了部分有代表性的全球性国际科技组织（表 8－1）并做简单介绍。

表 8－1　全球性国际科技组织（部分）

序号	名　称	简　称	网　址
1	国际科学理事会	ISC	https：//council. science/
2	国际心理科学联合会	IUPsyS	https：//www. iupsys. net/
3	国际大地测量学与地球物理学联合会	IUGG	https：//iugg. org
4	国际地质科学联合会	IUGS	https：//www. iugs. org/
5	世界工程组织联合会	WFEO	https：//www. wfeo. org/
6	世界自然保护联盟	IUCN	https：//www. iucn. org
7	国际纯粹与应用化学联合会	IUPAC	https：//iupac. org/
8	国际纯粹与应用生物物理学联合会	IUPAB	https：//iupab. org/
9	国际纯粹与应用物理学联合会	IUPAP	https：//iupap. org/
10	国际地理联合会	IGU	https：//igu-online. org/
11	国际建筑师协会	UIA	www. uia-architectes. org
12	国际林业研究组织联盟	IUFRO	https：//www. iufro. org/
13	国际桥梁与结构工程协会	IABSE	www. iabse. org/
14	国际摄影测量与遥感学会	ISPRS	https：//www. isprs. org/
15	国际生物科学联合会	IUBS	https：//iubs. org/
16	国际食品科学技术联盟	IUFoST	https：//iufost. org/
17	国际数学联合会	IMU	https：//www. mathunion. org/
18	国际天文学联合会	IAU	https：//www. iau. org/
19	国际药学联合会	FIP	www. fip. org

（续表）

序号	名 称	简 称	网 址
20	国际微生物学会联合会	IUMS	https：//www. iums. org/
21	国际免疫学会联合会	IUIS	https：//iuis. org/
22	国际大地测量协会	IAG	https：//iag-aig. org/
23	国际理论与应用力学联合会	IUTAM	https：//iutam2020. pku. edu. cn/index. htm
24	国际科学院组织	IAP	https：//www. interacademies. org/
25	国际科学基金会	IFS	http：//www. ifs. se/
26	国际生态学协会	INTECOL	https：//www. intecol. net/
27	国际工业与应用数学联合会	ICIAM	https：//iciam. org
28	国际材料研究学会联合会	IUMRS	https：//iumrs. org/
29	国际互联网协会	ISOC	https：//www. internetsociety. org

一、国际科学理事会

国际科学理事会（International Science Council，简称 ISC）是一个国际性非政府科学组织，成立于 1931 年。ISC 的成员包括各国科学界的学术和研究机构。

ISC 的使命是推动科学的全球合作，以应对全球性挑战并推动可持续发展。其目标包括：（1）促进科学研究的全球合作，特别是在跨学科和国际合作方面；（2）为解决全球性问题提供科学支持，如气候变化、自然灾害、可持续发展等；（3）提供科学政策建议，推动科学在政策制定中的应用，为国际社会的决策者提供理论支持；（4）促进科学知识的共享和传播，推动全球科学的进步和创新。

该组织结构包括大会、理事会和执行委员会。大会是最高决策机构，每 3 年召开一次。理事会由会员国的代表组成，负责制定政策和管理组织事务。执行委员会负责监督日常运营和实施决策。其成员分为正式成员和附属成员组织。国家会员由各国政府代表组成，代表其国家的科学界利益。科学团体会员来自各国的科学研究机构、学术机构和学术团体。

ISC 通过各种研究和教育活动推动科学的发展与合作，包括：（1）组织国际科学会议和研讨会，促进全球科学家之间的交流与合作；（2）发起和支持全球性科学合作项目，解决重大科学问题，如气候变化、生物多样性保护等；（3）提供科学政策建议，为国际社会的决策者提供科学支持，推动科学在政策制定中的应用；（4）支持科学教育和科学传播活动，提高公众对科学的认识和理解；（5）与其他国际组织和机构合作，共同推进全球科学合作和可持续发展的目标，如与联合国教科文组织（UNESCO）合作推动科学教育，与世界气象组织（WMO）合作推动气候变化研究等。

二、国际心理科学联合会

国际心理科学联合会（International Union of Psychological Science，简称IUPsyS）是极具影响力的心理科学组织之一，致力于推动心理学科学和实践的发展。该组织成立于1951年，总部设在加拿大的蒙特利尔，其宗旨是在全球范围内推动心理科学和实践的发展，以及提升心理学在解决人类问题中的贡献度。

其成员包括来自全球90多个国家和地区的心理学学会和协会，这使得该联合会在全球心理学领域中占据重要地位。此外，IUPsyS也是国际科学理事会和联合国教科文组织的正式成员。

该组织的主要工作如下。

（1）每4年举行一次国际心理学大会（International Congress of Psychology，ICP），这是全球心理学界非常重要的学术会议之一。大会为心理学家提供了一个交流新观念、讨论最新研究成果和实践经验的平台。

（2）出版多种期刊和书籍［包括《国际心理学杂志》（*International Journal of Psychology*），以及《国际心理科学手册》（*The International Handbook of Psychology*）等］，旨在广泛传播心理学的科学成果。

（3）提供各种教育和培训项目以提高心理学家的专业技能，并增强他们解决实际问题的能力。

三、国际大地测量学与地球物理学联合会

国际大地测量学与地球物理学联合会（International Union of Geodesy and Geophysics，简称IUGG）是一个全球性的非政府、非营利的科学组织，其主要任务是促进全球范围内的地球科学研究，包括大地测量学、地球物理学和相关科学领域。

该组织成立于1919年，是国际科学理事会的26个成员之一，其成员由全球各地的地球科学家组成，地球科学家包括地球物理学家、大地测量学家、火山学

家、气象学家等。该联合会在全球范围内拥有多个成员国，为全球各地的科学家提供了一个交流研究成果、分享科研设施及开展联合研究的平台。

该联合会是由 8 个主要的科学协会组成的，这些协会分别代表了地球科学的各个领域，包括大地测量学、地震学、火山学、气象学、大气科学、海洋科学、冰川学及物理学。这些协会定期在 IUGG 的指导下举办各种学术活动和会议，以推动各自领域内的科学研究和技术创新。

IUGG 也是全球地球科学领域的重要联络和协调机构。它负责在全球范围内组织和协调各种科学活动，包括科学研究项目、学术会议、培训班和研讨会等。此外，IUGG 还定期发布各种科学报告和研究成果，为全球的地球科学研究提供了重要的学术资源。

除了推动地球科学方面的研究，IUGG 还致力于提升公众对地球科学的理解和认识。它通过各种公众教育活动，如科学普及讲座、展览和网络资源等，向公众传播地球科学知识，提高公众的科学素养。

四、国际地质科学联合会

国际地质科学联合会（International Union of Geological Sciences，简称 IUGS）成立于 1961 年，是一个全球性的学术组织，致力于推动地质科学的研究、教育和合作。其成员来自不同国家的地质学会、研究机构，还包括个人会员，代表着全球地质学界的权威和专业性。

该组织的使命是促进地质科学的发展和应用，推动对地球的认识和理解，为可持续发展和自然资源管理做出贡献。其目标包括：（1）促进地质学领域的研究和教育，推动学术界和产业界之间的合作与交流；（2）提供科学支持和政策建议，为国际社会的决策者提供地质科学知识，推动地质学在环境保护、资源开发和灾害管理中的应用；（3）促进地质学的国际合作和数据共享，推动全球地质知识的积累和交流。

该组织结构包括理事会和委员会。理事会是最高决策机构，每 4 年召开一次。理事会通过选举产生，负责制定政策和管理组织事务。委员会负责特定领域的研究和发展。其成员分为国家会员和个人会员。国家会员由不同国家的地质学会代表组成，代表其国家的地质学界利益。个人会员包括地质学领域的专业人士、研究人员和学生。

IUGS 通过各种研究和教育活动推动地质科学的发展与合作，这些活动包括：(1) 组织国际地质大会和专题研讨会，促进地质学领域的学术交流和合作；(2) 发起和支持国际合作研究项目，推动地质学研究的创新和应用，解决全球性的地质问题；(3) 制定和推广地质学方面的标准和规范，促进地质数据的共享和应用；(4) 提供地质学教育和培训课程，培养新一代的地质学专业人才；(5) 与其他国际组织和机构合作，共同推进地质科学领域的研究和发展，如与联合国教科文组织（UNESCO）合作推动地质遗产保护和地质公园建设，与 IUGG 合作推动地球科学的跨学科研究等。

五、世界工程组织联合会

世界工程组织联合会（World Federation of Engineering Organizations，简称 WFEO）是一个全球性的国际科技组织。该组织成立于 1968 年，其总部设在法国巴黎，主要任务是通过协调和代表全球各地的工程师和工程组织，推动工程技术的发展和应用，为解决全球性的问题做出贡献。

该组织的主要活动包括：(1) 与工程师协会、政府机构、国际组织和教育机构合作，推动工程技术的创新和应用；(2) 组织各种国际会议、研讨会和培训活动，以推动工程教育和专业发展；(3) 发布各种报告和研究成果，提供工程领域的政策建议和专业指导。

WFEO 还积极参与全球范围内的科学和技术活动。它是联合国教科文组织和国际科学理事会的正式顾问，为这些组织提供关于工程技术的专业意见和建议。此外，WFEO 还定期与全球各地的工程师协会、教育机构和研究组织进行合作，开展各种项目和活动。

在推动工程技术的发展和应用的同时，WFEO 也致力于提升公众对工程领域的理解和认识。它通过各种公众教育活动，如科普讲座、展览、网络资源等，向公众传播工程知识，提高公众的科学素养和技术意识。

六、世界自然保护联盟

世界自然保护联盟（International Union for Conservation of Nature，简称 IUCN），是一个致力于寻找实际行动应对环境和发展挑战的全球环境组织。该组织成立于 1948 年，总部设在瑞士格朗，是较早的国际环保组织之一，也是联合国经济及社会理事会的官方观察员，该组织现任主席为章新胜先生，总干事为格雷特·阿吉拉。

该组织的主要使命是影响、鼓励和帮助社会全面保护生物多样性，确保生态系统的合理和有效使用，以及推动可持续发展。为实现这一使命，IUCN 不仅开展科学研究，收集数据，制定法规，还通过其会员、专家和伙伴网络发起项目和活动。

该组织由政府、非政府组织和其他社会团体组成，是一个独特的民间和政府结合的组织，能够有效地在全球范围内开展工作。至 2022 年，IUCN 有 200 多个会员，包括 80 多个国家政府和 120 多个非政府组织，以及将近 11000 名来自 160 多个国家的志愿科学家和专家。

该联盟还是最权威的保护生物多样性的科学研究机构之一。它的红色名录是世界上最全面的濒危物种信息来源，对保护动植物和生态系统具有极大的科研和行动指导意义。此外，IUCN 还制定了保护区分类系统，为全球的自然保护区管理提供了一套重要的标准。

七、国际纯粹与应用化学联合会

国际纯粹与应用化学联合会（International Union of Pure and Applied Chemistry，简称 IUPAC）成立于 1919 年，是一个国际性的学术组织，致力于推动纯粹与应用化学的发展与合作。其成员来自不同国家的化学学会、研究机构，还包括个人会员。

IUPAC 的使命是促进全球化学领域的合作与创新，推动化学知识的共享和应用，为人类福祉和可持续发展做出贡献。其目标包括：（1）促进纯粹化学和应用化学的研究和教育，推动化学科学的创新和应用；（2）制定和推广化学命名、化学符号和化学数据标准，提高化学信息的交流和共享；（3）推动环境保护、能源、健康和食品安全等领域的化学应用，解决全球性的社会和环境问题；（4）为政策制定者提供科学支持，推动化学在社会和经济发展中的应用和扩大影响。

该组织结构包括理事会、工作局、执行委员会。理事会是最高决策机构，每 2 年召开一次。理事会通过选举产生，负责制定政策和管理组织事务。各个委员会负责特定领域的研究和发展。其成员分为国家会员和个人会员。国家会员由不同国家的化学学会代表组成，代表其国家的化学界利益。个人会员包括化学领域的专业人士和研究人员。

IUPAC 通过各种研究和教育活动推动化学的发展与合作。各种活动包括：（1）组织国际化学会议和研讨会，促进化学领域的学术交流和合作；（2）发起和支持国际合作项目，推动化学的研发和创新，解决重大化学问题；（3）制定和推广化学命名、化学符号和化学数据的标准，促进化学信息的共享和应用；（4）提供化学教育和培训课程，培养新一代的化学专业人才；（5）与其他国际组织和机构合作，共同推进化学领域的研究和发展，如与国际纯粹与应用物理学联合会（IUPAP）合作推动物理化学的交叉研究等。

八、国际纯粹与应用生物物理学联合会

国际纯粹与应用生物物理学联合会（International Union for Pure and Applied Biophysics，简称 IUPAB）成立于 1961 年，是一个国际性的科技组织，旨在促进生物物理学领域的研究、教育和合作。其成员来自不同国家的生物物理学学会、研究机构，还包括个人会员。

IUPAB 的使命是推动纯粹与应用生物物理学的发展与应用，促进对生命系统的理解和探索，为生物医学科学和相关领域的发展做出贡献。其目标包括：（1）促进生物物理学领域的研究和教育，推动科学界和产业界之间的合作与交流；（2）推动生物物理学在生物医学、生物工程和药物研发等领域的应用，促进生命科学的进步和应用；（3）提供科学政策建议，为国际社会的决策者提供科学支持，促进生物物理学在社会和经济发展中的应用。

该组织结构包括大会、理事会和委员会。大会是最高决策机构，每 3 年召开一次。理事会通过选举产生，负责制定政策和管理组织事务。委员会负责特定领域的研究和发展。其成员分为正式成员、观察员、准成员和个人成员。

IUPAB 通过各种研究和教育活动推动生物物理学的发展与合作。各种活动包括：（1）组织国际生物物理学大会和专题研讨会，促进生物物理学领域的学术交流和合作；（2）发起和支持国际合作研究项目，推动生物物理学的创新和应用，解决重大生物物理学问题；（3）发布学术期刊和会议论文集，促进生物物理学研究成果的传播和分享；（4）提供生物物理学教育和培训课程，培养新一代的生物物理学专业人才；（5）与其他国际组织和机构合作，共同推进生物物理学领域的研究和发展，如与国际生物化学与分子生物学联合会（IUBMB）合作推动生物物理学与生物化学的交叉研究，与国际生物科学联合会（IUBS）合作推动生物物理学与生物科学的跨学科合作等。

九、国际纯粹与应用物理学联合会

国际纯粹与应用物理学联合会（International Union of Pure and Applied

Physics，简称 IUPAP）成立于 1922 年，是一个国际性的科技组织。

IUPAP 的使命是推动物理学的研究和教育，促进物理学的交流与合作，推动科学的进步和应用。其目标包括：（1）促进纯粹物理学和应用物理学的研究和发展，推动物理学的创新和应用；（2）加强国际物理学界的合作与交流，推动科学知识的共享和跨学科合作；（3）推动物理学的教育和培训，培养新一代的物理学专业人才；（4）提供科学政策建议，为国际社会的决策者提供科学支持，推动物理学在社会和经济发展中的应用。

该组织结构包括大会、理事会和各个委员会。大会是最高决策机构，每 3 年召开一次。理事会由选举产生，负责制定政策和管理组织事务。各个委员会负责特定领域的研究和发展。其成员分为国家会员和个人会员。国家会员由不同国家的物理学学会代表组成，代表其国家的物理学界利益。个人会员包括物理学领域的专业人士和研究人员。

IUPAP 通过各种研究和教育活动推动物理学的发展与合作。各种活动包括：（1）组织国际物理学大会和专题研讨会，促进物理学领域的学术交流和合作；（2）发起和支持国际合作项目，推动物理学的研发和创新，解决重大物理学问题；（3）制定和推广物理学的实践指南和标准，提高实验技术和测量方法的准确性和可靠性；（4）提供物理学教育和培训课程，培养物理学专业人才的素质和能力；（5）与其他国际组织和机构合作，共同推进物理学领域的研究和发展，如与欧洲物理学会（EPS）合作推动物理学教育和研究的交流，与国际原子能机构（IAEA）合作推动核物理和粒子物理的发展等。

十、国际地理联合会

国际地理联合会（International Geographical Union，简称 IGU）成立于 1922 年，是全球重要的地理学术组织之一，旨在促进地理学的发展和应用，推动国际地理研究和教育合作。其成员来自不同国家的地理学会、研究机构，还包括个人会员。

IGU 的使命是推动地理学的研究、教育和应用，为解决全球地理问题做出贡献。其目标包括：（1）促进地理学的前沿研究和学术交流，推动地理学在科学领域的发展和创新；（2）提供国际合作和交流的平台，促进不同国家和地区之间的合作与交流；（3）推动地理学在可持续发展、环境保护、城市规划等领域的应用，为全球社会和环境问题提供科学支持；（4）培养新一代的地理学家和专业人才，为成员提供地理学教育和培训的机会。

该组织结构包括大会、理事会和委员会。大会是最高决策机构，每 4 年召开一次。理事会由选举产生，负责制定政策和管理组织事务。委员会负责特定领域的研究和发展。其成员分为国家会员和个人会员。国家会员由不同国家的地理学会和研究机构代表组成，代表其国家的地理界利益。个人会员包括地理学领域的专业人士、研究人员和学生。

IGU 通过各种研究和教育活动推动地理学的发展与合作。各种活动包括：（1）组织国际地理大会和专题研讨会，促进学术界和产业界之间的学术交流和合作；（2）发起和支持国际合作研究项目，推动地理学的创新和应用，解决全球性的地理问题；（3）发布学术期刊和会议论文集，促进地理学研究成果的传播和分享；（4）提供地理学教育和培训课程，培养新一代的地理学科学家和专业人才；（5）与其他国际组织和机构合作，共同推进地理学的研究和发展，如与联合国教科文组织（UNESCO）合作推动地理教育和地理信息系统的应用，与国际地质科学联合会（IUGS）合作推动地理学与地球科学的交叉研究等。

十一、国际建筑师协会

国际建筑师协会（Union Internationale des Architectes，简称 UIA）是一个国际科技组织，其致力于提供一个全球建筑师的交流平台，促进建筑业的持续发展。

该组织成立于 1948 年，其总部设在法国巴黎。组织的创立是为了推动建筑领域的国际合作，加强建筑师之间的交流与合作，并通过专业的建筑设计和实践来提升人类生活质量。目前，UIA 拥有来自全球各地的近百个会员国，覆盖了数十万名建筑师。

UIA 的主要活动如下。（1）组织各种国际会议、研讨会和展览，以推动建筑领域的教育、科研和实践活动。其中，UIA 的世界建筑师大会（UIA World Congress）是全球建筑领域的重要活动，每 3 年举办一次，吸引了全球众多建筑师和相关专业人员参加。（2）举办建筑设计竞赛、颁发建筑奖项等，促进建筑设计的创新和优秀实践的推广。其中，UIA 金奖是全球建筑设计领域的重要奖项，被誉为建筑界的“诺贝尔奖”。（3）参与全球范围内的社会和文化活动。它是联合国教科文组织的官方合作伙伴，参与了多个全球性的建筑和城市规划项目。同时，UIA 也积极推广可持续建筑和城市发展理念，致力于通过建筑设计和实践来应对气候变化、环境保护等全球性问题。

十二、国际林业研究组织联盟

国际林业研究组织联盟（International Union of Forest Research Organizations，简称 IUFRO）成立于 1892 年，是全球最大的林业研究组织，致力于推进林业科学和可持续林业管理的研究、教育和合作。其成员来自不同国家的林业研究机构、大学、政府部门，还包括个人会员。

IUFRO 的使命是通过国际合作和知识交流，促进林业研究的发展，为可持续林业管理和保护全球森林资源做出贡献。其目标包括：(1) 促进林业研究的合作和交流，推动跨学科的林业科学发展；(2) 提供科学支持和政策建议，为国际社会的决策者提供林业科学知识，推动可持续林业管理的实施；(3) 促进全球森林资源的保护和可持续利用，提高林业的社会、经济和环境效益；(4) 培养新一代的林业科学家和专业人才，为成员提供林业研究和教育的机会。

该组织结构包括大会、理事会和研究组。大会是最高决策机构，每 5 年召开一次。理事会通过选举产生，负责制定政策和管理组织事务。研究组负责特定领域的研究和发展。其成员分为国家会员和个人成员。国家会员由不同国家的林业研究机构和大学代表组成，代表其国家的林业科学界利益。个人会员包括林业研究领域的专业人士、学者和学生。

IUFRO 的主要活动包括：(1) 组织国际林业研究大会和专题研讨会，促进林业科学的学术交流和合作；(2) 发起和支持国际合作研究项目，推动林业研究的创新和应用，解决全球性的森林管理和保护问题；(3) 发布学术期刊和会议论文集，促进林业研究成果的传播和分享；(4) 提供林业科学和可持续林业管理的教育和培训课程，培养新一代的林业科学家和专业人才；(5) 与其他国际组织和机构合作，共同推进林业科学和可持续林业管理领域的研究和发展，如与联合国粮食及农业组织（FAO）合作推动森林保护和可持续利用，与世界自然保护联盟（IUCN）合作推动林业与自然保护的协同发展等。

十三、国际桥梁与结构工程协会

国际桥梁与结构工程协会（International Association for Bridge and Structural Engineering，简称 IABSE）是一个全球性的专业组织，专注于桥梁和结构工程领域。该组织成立于 1929 年，总部设在瑞士苏黎世，其主要目标是推进桥梁和结构工程领域的科学、技术及实践应用。

该组织成员来自世界各地，涵盖了工程师、设计师、建筑师、学生等。多元化的成员构成反映了IABSE努力为整个建筑工程领域的专业人士提供一个交流与协作的平台。

该协会的主要活动如下。（1）组织各种活动，包括会议、研讨会和讲习班等，来推动桥梁和结构工程领域的发展。这些活动提供了一个交流和分享新的研究成果、技术创新和最佳实践的机会，同时也为成员提供了不断学习和提升技术、知识水平的途径。（2）出版了多种相关的出版物，如国际知名的《国际结构工程》期刊，该期刊及其他出版物为全球的桥梁和结构工程专业人士提供了最新的研究成果和技术发展信息。

IABSE在全球范围内设有多个国家分会，这些分会也会定期组织一些本地的活动和项目，包括技术讲座、工地参观和研讨会等。这些活动不仅帮助当地的工程师们了解最新的工程技术和发展趋势，还让他们有机会在本地范围内建立和发展专业关系。

该协会强调全球性的协作和交流。因此，它的工作语言包括英语、法语和德语，以便更好地服务于全球的成员。

十四、国际摄影测量与遥感学会

国际摄影测量与遥感学会（International Society for Photogrammetry and Remote Sensing，简称ISPRS）成立于1910年，是全球很重要的摄影测量和遥感学术组织，致力于推动摄影测量和遥感技术的发展和应用。

ISPRS的使命是促进和推动摄影测量和遥感学科的发展和应用，为地球观测和地理信息领域提供科学支持和技术创新。其目标包括：（1）促进和推动摄影测量和遥感技术的研究和开发，推动这两个领域的学术进展和技术创新；（2）提供国际合作和交流的平台，促进不同国家和地区之间的合作与交流；（3）促进遥感技术在环境监测、资源管理、灾害响应等领域的应用，为可持续发展和谋求人类福祉做出贡献；（4）提供教育和培训机会，培养新一代的摄影测量和遥感方面的科学家和专业人才。

该组织结构包括大会、理事会和委员会。大会是最高决策机构，每4年召开一次。理事会通过选举产生，负责制定政策和管理组织事务。委员会负责特定领域的研究和发展。其成员分为正式成员、准成员、区域成员、赞助成员、荣誉成员和个人成员。

ISPRS 通过各种研究和教育活动推动摄影测量和遥感技术的发展与应用。各种活动包括：（1）组织国际遥感大会和摄影测量学术研讨会，促进学术界和产业界之间的学术交流和合作；（2）发起和支持国际合作研究项目，推动摄影测量和遥感技术的创新和应用，解决全球性的地球观测问题；（3）发布学术期刊和会议论文集，促进摄影测量和遥感研究成果的传播和分享；（4）提供关于摄影测量和遥感技术的培训课程，培养新一代的科学家和专业人才；（5）与其他国际组织和机构合作，共同推进摄影测量和遥感技术的研究和发展，如与联合国环境规划署（UNEP）合作推动遥感技术在环境保护中的应用。

十五、国际生物科学联合会

国际生物科学联合会（International Union of Biological Sciences，简称 IUBS）成立于 1919 年，是一个全球性的学术组织，致力于促进生物科学的发展和应用，推动生物多样性保护和可持续发展。其成员来自不同国家的生物科学学会、研究机构，还包括个人会员。

IUBS 的使命是促进生物科学领域的研究、教育和合作，为全球生物多样性保护和可持续发展做出贡献。其目标包括：（1）推动生物科学的跨学科研究，促进不同领域的合作与交流，加强生物科学与其他科学领域的联系；（2）提供科学支持和政策建议，为国际社会的决策者提供生物科学知识，推动生物多样性保护和生态系统管理；（3）促进生物科学的教育和培训，培养新一代的生物科学家和专业人才；（4）关注全球生物科学领域的前沿研究和重要问题，推动科学创新和技术进步。

该组织结构包括大会、理事会和科学委员会。大会是最高决策机构，每 3 年召开一次。理事会通过选举产生，负责制定政策和管理组织事务。科学委员会负责特定领域的研究和发展。其成员分为普通成员、科学成员和附属成员。

IUBS 通过各种研究和教育活动推动生物科学的发展与合作。各种活动包括：（1）组织国际生物科学大会和专题研讨会，促进学术界和产业界之间的学术交流和合作；（2）发起和支持国际合作研究项目，推动生物科学的创新和应用，解决全球性的生物多样性保护和生态系统管理问题；（3）发布学术期刊和会议论文集，促进生物科学研究成果的传播和分享；（4）提供生物科学教育和培训课程，培养新一代的生物科学专业人才；（5）与其他国际组织和机构合作，共同推进生物科学领域的研究和发展，如与联合国教科文组织（UNESCO）合作推动生物多样性保护和可持续发展，与世界自然保护联盟（IUCN）合作推动自然保护与生态系统管理等。

十六、国际食品科学技术联盟

国际食品科学技术联盟（International Union of Food Science and Technology，简称 IUFoST）成立于 1970 年，是一个全球性的科技组织，代表着全球食品科学界的权威和专业性，旨在促进食品科学与技术领域的研究、教育和合作。其成员来自不同国家的食品科学学会、食品技术学会和研究机构。

IUFoST 的使命是推动食品科学与技术的发展和应用，促进食品安全和可持续发展，为全球食品供应链的改进和创新做出贡献。其目标包括：(1) 促进食品科学与技术领域的研究和教育，推动学术界和产业界之间的合作与交流；(2) 提高食品安全和食品质量的水平，推动食品创新和技术进步，满足人们对安全、健康和可持续的食品的需求；(3) 提供科学支持和政策建议，为国际社会的决策者提供食品科学知识，推动食品政策的制定和实施；(4) 培养新一代的食品科学与技术专业人才，提供教育和培训机会。

该组织结构包括大会、执行委员会和专业委员会。大会是最高决策机构，每 2 年召开一次。执行委员会通过选举产生，负责制定政策和管理组织事务。专业委员会负责特定领域的研究和发展。其成员分为正式成员、理事会成员、区域成员和非正式成员。

IUFoST 通过各种研究和教育活动推动食品科学与技术的发展与合作。各种活动包括：(1) 组织国际食品科学与技术大会和专题研讨会，促进学术界和产业界之间的学术交流和合作；(2) 发起和支持国际合作研究项目，推动食品科学与技术的创新和应用，解决全球性的食品安全和食品供应问题；(3) 发布学术期刊和会议论文集，促进食品科学与技术研究成果的传播和分享；(4) 提供食品科学与技术教育和培训课程，培养新一代的食品科学与技术专业人才；(5) 与其他国际组织和机构合作，共同推进食品科学与技术领域的研究和发展，如与世界卫生组织（WHO）合作推动食品安全和营养的改善，与联合国粮食及农业组织（FAO）合作推动食品可持续发展等。

十七、国际数学联合会

国际数学联合会（International Mathematical Union，简称 IMU）成立于

1952年，是全球重要的数学学术组织，旨在促进数学的发展和应用，推动国际数学合作和交流。其成员来自不同国家的数学学会、研究机构，还包括个人会员。

IMU的使命是推动数学的研究、教学和应用，促进数学的全球合作和发展，为全球数学界提供领导和服务。其目标包括：(1) 推动数学的前沿研究和创新，促进不同领域的交叉和合作，推动数学的科学发展；(2) 提供国际合作平台和交流机会，促进数学界各国之间的合作与交流；(3) 培养新一代的数学科学家和专业人才，提供数学教育和培训的机会；(4) 促进数学在其他学科和应用领域中的交叉应用，推动数学在解决实际问题中的应用。

该组织结构包括大会、执行委员会和委员会。大会是最高决策机构，每4年召开一次。执行委员会通过选举产生，负责制定政策和管理组织事务。委员会负责特定领域的研究和发展。其成员分为正式成员和非正式成员。

IMU通过各种研究和教育活动推动数学的发展与合作。各种活动包括：(1) 组织国际数学大会和专题研讨会，促进数学界的学术交流和合作；(2) 发起和支持国际合作研究项目，推动数学的创新和应用，解决重大数学问题；(3) 发布学术期刊和会议论文集，促进数学研究成果的传播和分享；(4) 提供数学教育和培训课程，培养新一代的数学科学家和专业人才；(5) 与其他国际组织和机构合作，共同推进数学的研究和发展，如与国际数学物理协会（IAMP）合作推动数学与物理学的交叉研究，与联合国教科文组织（UNESCO）合作推动数学教育和科学传播等。

十八、国际天文学联合会

国际天文学联合会（International Astronomical Union，简称IAU）成立于1919年，是全球重要的天文学术组织，旨在促进天文学的发展和研究，推动国际天文合作和交流。其成员来自不同国家的天文学会、研究机构，还包括个人会员。

IAU的使命是推动天文学的研究、教育和应用，促进天文学的全球合作和发展，帮助人类认识宇宙。其目标包括：(1) 促进天文学的前沿研究和科学发现，推动天文学的学术进展和技术创新；(2) 提供国际合作和交流的平台，促进不同国家和地区之间的合作与交流；(3) 推动天文学在教育、公众科学、文化遗产保护等领域的应用，增进公众对宇宙的认识和理解；(4) 培养新一代的天文学家和专业人才，提供天文学教育和培训的机会。

该组织结构包括大会、执行委员会和科学委员会。大会是最高决策机构，每3年召开一次。执行委员会通过选举产生，负责制定政策和管理组织事务。科学委员会负责特定领域的研究和发展。其成员分为国家会员和个人会员。国家会员由不同国家的天文学会和研究机构代表组成，代表其国家的天文界利益。个人会员包括天文学领域的专业人士、研究人员和学生。

IAU通过各种研究和教育活动推动天文学的发展与合作。各种活动包括：(1)组织国际天文大会和专题研讨会，促进学术界和产业界之间的学术交流和合作；(2)发起和支持国际合作研究项目，推动天文学的创新和应用，解决全球性的天文问题；(3)发布学术期刊和会议论文集，促进天文学研究成果的传播和分享；(4)提供天文学教育和培训课程，培养新一代的天文学科学家和专业人才；(5)与其他国际组织和机构合作，共同推进天文学的研究和发展，如与欧洲南方天文台（ESO）合作建设大型天文设施，与联合国教科文组织（UNESCO）合作推动天文学的教育和文化遗产保护等。

十九、国际药学联合会

国际药学联合会（International Pharmaceutical Federation，简称FIP）是全球范围内极具影响力的药学和制药科学组织，总部设在荷兰海牙。自1912年成立以来，FIP致力于推进药学和公共卫生事业的发展，激励全球的药学工作者追求卓越。

其成员来自各国的药学学会、科学学会、药学院及药学和制药科学相关的公司和组织。目前，它在全球100多个国家和地区有会员。

该组织的使命是代表全球药学相关职业和科学推动全球健康。为实现这一使命，FIP设立了多个专门的部门和工作组，包括药学实践部门、药学教育部门、社区药房部门、医院药房部门、工业药房部门和药学科学部门等。

该组织主要活动如下。(1)每年都会组织并举办世界药学大会，这是全球药学领域最大的年度活动，为全球的药学工作者提供了一个共享知识、交流经验、讨论重要问题及建立网络的平台。这个大会通常会吸引来自全球100多个国家的药学工作者参加。(2)积极参与全球公共卫生事务，包括对抗生素耐药性的研究、全球疾病预防、疫苗接种，以及艾滋病、结核病和疟疾的防治等。FIP还经常与世界卫生组织、联合国和其他全球卫生机构合作，共同解决全球的公共卫生问题。

二十、国际微生物学会联合会

国际微生物学会联合会（International Union of Microbiological Societies，简称IUMS）成立于1927年，是一个历史悠久的国际科技组织，旨在促进微生物学领域的研究、教育和合作。其成员来自不同国家的微生物学学会和研究机构，代表着全球微生物学界的权威和专业性。

IUMS的使命是推动微生物学的发展和应用，提高公众对微生物学的认识和理解，为全球健康、农业和环境问题做出贡献。其目标包括：（1）促进微生物学领域的科学研究和教育，推动学术界和产业界之间的合作与交流；（2）促进微生物学在公共卫生、环境保护和农业发展领域中的应用，提高微生物技术的效率和可持续性；（3）提供微生物学领域的政策建议，推动微生物学在决策制定和规范制定中的重要性；（4）培养新一代的微生物学专业人才，提供教育和培训机会。

该组织结构包括大会、理事会和分会。大会是最高决策机构，每3年召开一次。理事会由选举产生，负责制定政策和管理组织事务。分会根据微生物学的不同领域和专业划分，为会员提供特定领域的交流和资源。IUMS的成员包括正式成员、准成员等。

IUMS通过各种研究和教育活动推动微生物学的发展与合作。各种活动包括：（1）组织国际微生物学大会和专题研讨会，促进微生物学领域的学术交流和合作；（2）发起和支持国际合作研究项目，推动微生物学的创新和应用，解决重大微生物学问题；（3）制定和推广微生物学的实践指南和标准，提高微生物学研究的质量和可靠性；（4）提供微生物学教育和培训课程，培养新一代的微生物学专业人才；（5）与其他国际组织和机构合作，共同推进微生物学领域的研究和发展，如与世界卫生组织（WHO）合作推动微生物学在公共卫生领域中的应用，与联合国粮食及农业组织（FAO）合作推动微生物学在农业和食品安全中的应用等。

二十一、国际免疫学会联合会

国际免疫学会联合会（International Union of Immunological Societies，简称IUIS）成立于1969年，是一个全球性的学术科技组织，致力于促进免疫学领域的研究、教育和合作。其成员来自不同国家的免疫学学会、研究机构，还包括个人会员。

IUIS的使命是推动免疫学的发展和应用，促进免疫系统的研究和应用，为人类健康和疾病治疗做出贡献。其目标包括：（1）促进免疫学领域的研究和教育，推动对免疫系统的理解和应用；（2）促进免疫学界的交流与合作，推动国际科学合作项目；（3）提高公众对免疫学的认识，推动免疫学在疾病预防和治疗中的应用；（4）培养新一代的免疫学专业人才，提供教育和培训机会。

该组织结构包括大会、理事会和工作委员会。大会是最高决策机构，每3年召开一次。理事会通过选举产生，负责制定政策和管理组织事务。工作委员会负责特定领域的研究和发展。其成员分为正式成员、区域性联盟、附属成员和非正式成员。

IUIS通过各种研究和教育活动推动免疫学的发展与合作。各种活动包括：（1）组织国际免疫学大会和专题研讨会，促进免疫学领域的学术交流和合作；（2）发起和支持国际合作研究项目，推动免疫学的创新和应用，解决重大免疫学问题；（3）发布学术期刊和会议论文集，促进免疫学研究成果的传播和分享；（4）提供免疫学教育和培训课程，培养新一代的免疫学专业人才；（5）与其他国际组织和机构合作，共同推进免疫学领域的研究和发展，如与世界卫生组织（WHO）合作推动疫苗研发和免疫规划，与国际细胞免疫学组织（ISICR）合作推动细胞免疫学的发展等。

二十二、国际大地测量协会

国际大地测量协会（International Association of Geodesy，简称IAG）是一个致力于推动大地测量科学研究与应用的国际科技组织。该组织成立于1862年，经历了多次名称更迭，直到1886年，最终确定为现在的国际大地测量协会。至2022年，该组织已经拥有来自100多个国家的成员，包括个人会员和机构会员。

该组织的宗旨是通过科学研究和协作，提高大地测量学的理论和实践水平。其主要研究领域涵盖地球形状、地球重力场、地球内部结构、地球的空间和时间变化及地球与太阳系其他天体的相互关系等。通过进行这些研究，IAG力图更好地理解地球及其环境，以应对各种自然灾害和全球变化等问题。

其组织结构包括理事会、主席团和执行委员会。理事会每4年举行一次，执行委员会则每年举行一次，两者都负责制定IAG的发展策略和工作计划。而常务委员会负责协调和管理IAG的日常工作，包括科研项目的审批、会员的招募和管理及与其他组织的合作等。

该组织在全球的影响力体现在其对大地测量理论和技术的推动，以及其在全球范围内的科研合作上。该协会有大量的科研成果，包括期刊论文、会议论文和专著等，为理解和研究地球提供了重要的科学依据。

二十三、国际理论与应用力学联合会

国际理论与应用力学联合会（International Union of Theoretical and Applied Mechanics，简称 IUTAM）由国家级的相关组织或学会组成，一般一个国家或地域（Territory）仅有一个组织可加入。

国际理论与应用力学联合会（IUTAM）于 1922 年 9 月在奥地利的因斯布鲁克举行首次会议，讨论流体动力学和空气动力学问题。第一届 IUTAM 大会于 1924 年在荷兰代尔夫特举行。目前，该联合会的主要目标是在从事理论和应用力学及相关科学的所有分支工作的个人和组织之间建立联系，组织国际理论和应用力学大会和其他关于力学主题的国际会议，并从事其他旨在促进力学作为科学分支的发展的活动。目前，超过 500 名活跃的科学家参与了 IUTAM。

二十四、国际科学院组织

国际科学院组织（Interacademy Partnership，简称 IAP）在全球极具影响力，由全球超过 140 个国家的科学院、工程学院和医学院组成。IAP 于 1993 年成立。

该组织的主要任务是加强科学与社会之间的联系，让科学知识服务于社会，并解决全球性的挑战。其宗旨是为解决全球性问题提供科学咨询，以科学的方式解决社会、环境和经济问题，同时通过科学教育和科学政策影响全球发展。

其主要工作内容如下。（1）促进科学教育和能力建设，提高公众对科学的理解和接受度，以及促进科学的国际合作。（2）提供科学咨询，为全球性问题（如气候变化、传染病防控、食品安全和科学教育等）提供解决方案，为政策制定者提供决策依据。其咨询报告包括科学、技术、医学和健康等各个领域的最新进展，有助于政策制定者理解复杂问题。（3）致力于提高全球科学教育的质量和公平性。通过各种项目和活动，如教师培训、学生夏令营和学习资源的开发，努力提高教师的教学能力，激发学生的科学兴趣，并增强他们的科学素养。（4）通过多种渠道和方式传播科学知识，提高公众对科学的理解和信任。这包括举办公众讲座、科学节和展览，以及发布新闻稿、科普文章和社交媒体内容等。（5）利用全球网络，推动科学家之间的交流和合作，提供合作机会，分享研究成果和最佳实践，促进科学的全球发展。

二十五、国际科学基金会

国际科学基金会（International Foundation for Science，简称 IFS）是一个致力于支持发展中国家的早期科研人员的国际科技组织。该基金会成立于 1972 年，总部位于瑞典斯德哥尔摩。

该组织的主要目标是通过提供研究资助、能力建设和网络支持，帮助发展中国家的科研人员在其科研领域内取得突破，并应对环境和发展的挑战。其工作覆盖了自然资源、农业、环境、生物多样性等多个领域，注重解决水、食物和生态系统服务的可持续利用问题。

该组织通过两种方式支持发展中国家的科研人员。第一种方式是提供研究资助，这些资助可以用于购买研究设备、材料，进行研究旅行，参加学术会议，或者进行其他研究相关的活动。IFS 的资助是基于竞争的，申请人需要提交研究提案，并由专家委员会进行评审。第二种方式是提供能力建设和网络支持，如组织科研技能培训，提供科研方法和技术指导，建立科研人员网络等。

自成立以来，该组织已经为来自发展中国家的数千名科研人员提供了资助和支持。这些科研人员在各自的领域内做出了重要贡献，提高了发展中国家的科研能力，推动了其可持续发展。

值得注意的是，IFS 尤其关注对女性科研人员的培养。在所有的资助者中，约有三分之一是女性科研人员。通过各类项目，国际科学基金会致力于提高女性科研人员的参与度，提升她们的科研能力。

二十六、国际生态学协会

国际生态学协会（International Association for Ecology，简称 INTECOL）是全球范围内的生态学专业组织，该组织成立于 1967 年，其目的是通过增进国际联系和合作，来促进生态学的发展。至今，该组织已经拥有超过 60 个国家和地区的成员，并已成为全球生态学领域中的主要推动力量。

该组织的宗旨是推动生态学的全球发展，并促进其在环境保护和可持续发展中的应用。该组织致力于解决全球性的生态问题，各生态问题包括气候变化、生物多样性丧失、生态系统退化等。

该组织的工作内容包括：（1）与全球其他的科研和教育机构保持密切的联系和合作，共同推动生态学的发展；（2）每 4 年组织一次国际生态大会，这是全球生态学专业会议，也是全球生态学家们交流最新研究成果、探讨全球生态问题、建立合作关系的重要平台；　（3）定期出版《国际生态学通讯》（*INTECOL*）和其他科研成果，为全球生态学家和广大公众提供最新的生态学研究和应用信息。

在过去的几十年中，INTECOL 为全球生态学的发展做出了巨大贡献。它推动了生态学研究的国际化发展及生态学的应用，提高了人们对生态和环境问题的认识。

二十七、国际工业与应用数学联合会

国际工业与应用数学联合会（International Council for Industrial and Applied Mathematics，简称 ICIAM）是一个全球性的科技组织，其主要目标是促进工业与应用数学的发展和扩展，为全球范围内的相关团体提供一个联络和协调的平台。

ICIAM 成立于 1987 年，其会员来自世界各地的应用数学学会和工业数学学会，包括了全球大量的数学家和研究者。ICIAM 旨在推动应用数学在工业、商业和社会问题中的应用，并鼓励应用数学的教学和研究。它通过协调和合作的方式，为全球应用数学领域的研究人员提供了一个互相交流的平台，促进了数学理论的研究和实践的发展。

该组织的主要活动是每 4 年举办 1 次国际工业与应用数学大会（ICIAM Congress）。这是全球重要的应用数学盛会之一，涵盖了应用数学的各个领域。这次大会为科学家、工程师和工业专业人士提供了一个交流新想法、讨论最新研究和应用的机会。

ICIAM 还提供一系列的奖项，以表彰在工业和应用数学领域做出杰出贡献的个人或团体。这些奖项表彰个人或团体在数学和工业交叉领域中的突出成就、在用数学解决工业问题上的突出贡献，以及为推动应用数学在发展中国家发展而做出的显著贡献。

ICIAM 不仅支持工业和应用数学的研究项目，还为年轻数学家提供了许多学术和职业发展的机会。此外，ICIAM 还通过提供教育资源和参与各种教育项目，来鼓励全球范围内的年轻人对应用数学产生兴趣。

二十八、国际材料研究学会联合会

国际材料研究学会联合会（International Union of Materials Research Societies，简称 IUMRS）是一个全球范围内的科学和工程组织，专注于材料研究。研究材料包括生物材料、电子材料、磁性材料、光电材料、纳米材料等。其宗旨是推动各种类型的材料研究，并将这些研究与科技进步和社会发展相联系。

IUMRS 成立于 1991 年，起初主要由一些国家和地区的材料研究学会组成，包括美国材料研究学会（MRS）、欧洲材料研究学会（EMRS）等。随着年代的推移，IUMRS 已经发展成为一个包含众多国家和地区的全球网络，目前的成员来自亚洲、欧洲、美洲和非洲的国家和地区。

IUMRS 的核心任务包括推动全球材料科学和工程的发展、促进国际间的科研合作、支持材料科学和工程的教育和培训，以及通过与公众的交流，提高社会对材料科学和工程的认识和理解。为实现这些任务，IUMRS 组织了一系列的科研活动，如国际会议、工作坊、研讨会等，同时也出版了一些科研期刊，为材料科学和工程的研究者们提供了一个发布和分享他们研究成果的平台。

此外，IUMRS 也致力于在全球范围内提升材料科学和工程的教育和培训水平。它通过举办各种教育活动，如学生论坛、教师研讨会、研究生夏令营等，为材料科学和工程的学生和教师们提供了一个学习和交流的机会。同时，IUMRS 也设立了一些奖项，如杰出服务奖、优秀论文奖等，以表彰在材料科学和工程领域做出杰出贡献的科研人员和学生。

IUMRS 的工作除了涉及科研和教育领域，还包含以下内容：（1）推动材料科学和工程为社会做出贡献；（2）通过组织公众讲座、科普展览等活动，IUMRS 将最新的材料科学研究成果带入公众视野，以提高公众对材料科学和工程的认识和理解；（3）IUMRS 也与政府、企业等各方合作，推动材料科学和工程的技术转移和商业化。

二十九、国际互联网协会

国际互联网协会（Internet Society，简称 ISOC）是一个非常著名的国际科技组织，致力于互联网的开放、创新和可持续发展。该组织成立于 1992 年，总部位于美国弗吉尼亚州雷斯顿，其使命是推动互联网的全球发展和应用，以便所有人都能从中受益。

ISOC的工作涵盖了互联网的各个方面，包括技术标准制定、政策发展、教育和培训及网络治理等。ISOC的成员包括个人、公司、政府、非政府组织及研究机构等，它们分布在全球各地。

该组织的主要职责和活动包括：

（1）制定技术标准。ISOC是互联网工程任务组（Internet Engineering Task Force，IETF）和互联网架构委员会（Internet Architecture Board，IAB）的组织者。这两个组织负责制定和发布互联网的技术标准。

（2）参与网络政策的制定。ISOC参与全球和地区的互联网政策讨论，为政策制定者提供专业的建议和信息，推动开放、包容和透明的网络政策的普及。

（3）开展专业教育和培训。ISOC提供各种教育和培训资源，包括在线课程、研讨会、指南和报告等，以提高公众对互联网技术和政策的理解和应用能力。

ISOC积极推动互联网的开放性、接入性、安全性和可信性，努力确保互联网能够更好地服务于全球的社会和经济发展。其工作对于推动互联网的发展、保护互联网的开放性及促进全球的信息化进程具有重要的作用。

第二节 区域性国际科技组织

根据中国科学院国际合作局官网、中国国际科技交流中心官网和国际组织人才信息服务网等网站提供的信息，并参考其他相关资料，本节选取了部分有影响力的区域性国际科技组织（表8-2），下面做简单介绍。

表8-2 区域性国际科技组织（部分）

序号	名称	简称	网址
1	国际贵金属学会	IPMI	https：//www.ipmi.org/
2	国际基础与临床药理学联合会	IUPHAR	https：//iuphar.org/
3	国际医学物理与工程科学联盟	IUPESM	https：//iupesm.org/
4	国际第四纪研究联合会	INQUA	https：//inqua.org/
5	国际科学史与科学哲学联盟	IUHPST	https：//iuhpst.org/
6	国际电化学学会	ISE	https：//www.ise-online.org/

（续表）

序号	名　称	简　称	网　址
7	国际晶体学联合会	IUCr	https：//www. iucr. org/
8	国际无线电科学联盟	URSI	https：//www. ursi. org
9	国际光学委员会	ICO	http：//ico24. org/
10	国际矿物学协会	IMA	http：//mineralogy - ima. org/
11	国际声学委员会	ICA	https：//www. icacommission. org/
12	国际细胞生物学联盟	IFCB	http：//www. ifcbiol. com/
13	国际宇航联合会	IAF	www. iafastro. org
14	电气与电子工程师协会	IEEE	http：//www. ieee. org/
15	国际运筹学会联合会	IFORS	http：//www. ifors. org
16	国际冻土学会	IPA	https：//www. permafrost. org/
17	亚太空间合作组织	APSCO	http：//www. apsco. int/
18	亚太工程组织联合会	FEIAP	https：//feiap. org/

一、国际贵金属学会

国际贵金属学会（International Precious Metals Institute，简称 IPMI）是一个国际性的科技组织，旨在促进贵金属的科学、技术和商业发展。该组织成立于 1976 年，目前拥有来自全球各地的 600 多个会员单位，涵盖了贵金属的生产、加工、回收、贸易、投资、分析、咨询等各个领域。其宗旨是为贵金属行业提供一个交流合作的平台，增加会员的专业知识并促进信息共享，推动贵金属在各个行业和领域中的应用和创新。

IPMI 每年举办 1 次年会，邀请来自世界各地的贵金属专家、学者、企业家、政府官员等参与，就贵金属的最新动态、市场趋势、技术进展、法规政策等话题进行演讲和讨论。IPMI 还定期举办各种研讨会、培训课程、网络研讨会等活动，为会员提供更多的学习和交流机会。

IPMI 致力于提高贵金属行业的社会责任感和可持续发展水平，制定了一系列的行业标准和准则，包括贵金属回收标准（Precious Metals Recycling Standard）、贵金属供应链尽职调查指南（Precious Metals Supply Chain Due Diligence Guidance）、贵金属反洗钱指南（Precious Metals Anti-Money

Laundering Guidance）等。IPMI 还设立了多个奖项和基金，以表彰在贵金属领域做出杰出贡献的个人和组织，以及支持对贵金属有兴趣的年轻人。

IPMI 欢迎所有对贵金属有兴趣或从事相关工作的个人或组织加入，成为其会员。

二、国际基础与临床药理学联合会

国际基础与临床药理学联合会（International Union of Basic and Clinical Pharmacology，简称 IUPHAR）成立于 1959 年。它是一个全球性的科技组织，旨在促进基础与临床药理学的发展与合作。其成员来自不同国家的药理学学会、研究机构，还包括个人会员。

IUPHAR 的使命是推动药理学领域的研究和教育，促进药物的发现和开发，提高药物治疗的安全性和有效性。其目标包括：（1）促进药理学知识的交流和共享，加强全球药理学领域的合作；（2）推动新药物的研发和创新，提高药物治疗的质量和效果；（3）促进药物的合理使用和药物安全性的提高，提高药物治疗的风险管理和药物监测水平；（4）提供药理学教育和培训，培养新一代的药理学专业人才。

该组织结构包括理事会、执行委员会和各个专业委员会。理事会是最高决策机构，每 4 年召开一次。执行委员会通过选举产生，负责制定政策和管理组织事务。各个专业委员会负责特定领域的研究和发展。其成员包括正式会员、准会员和企业会员。

IUPHAR 通过各种研究和教育活动推动药理学的发展与合作。各种活动包括：（1）组织国际药理学大会和专题研讨会，促进药理学领域的学术交流和合作；（2）发起和支持国际合作项目，推动新药物的研发和创新，解决重大药物治疗问题；（3）提供药理学教育和培训课程，提高药理学专业人才的素质和能力；（4）发布科学刊物和报告，推动药理学研究成果的传播和应用。

三、国际医学物理与工程科学联盟

国际医学物理与工程科学联盟（International Union of Physical and Engineering Sciences in Medicine，简称 IUPESM）成立于 1980 年，是一个全球性的科技组织，旨在促进医学物理学和医学工程学的发展与应用。其成员包括医学物理学和医学工程学领域的专业人士、学术机构和研究中心。

IUPESM 的使命是提高医学物理学和医学工程学的实践水平，推动医学技术的发展与创新，提高医疗诊断和治疗的质量和安全性。其目标包括：（1）促进医学物理学和医学工程学的研究和教育，推动技术的创新和应用；（2）提高医学物理学和医学工程学的实践标准和质量控制水平，确保医疗设备和技术的安全性和有效性；（3）促进医学物理学和医学工程学的国际合作和交流，共同解决全球性的医学和健康问题；（4）培养新一代的医学物理学和医学工程学专业人才。

该组织结构包括大会、理事会和委员会。大会是最高决策机构，每 3 年召开一次。理事会通过选举产生，负责制定政策和管理组织事务。委员会负责特定领域的研究和发展。其成员分为分支成员、国家成员和观察员成员。

IUPESM 通过各种研究和教育活动推动医学物理学和医学工程学的发展与合作。各种活动包括：（1）组织国际会议和研讨会，促进医学物理学和医学工程学领域的学术交流和合作；（2）发起和支持国际合作项目，推动医学技术的研发和创新，解决重大医学和健康问题；（3）制定和推广医学物理学和医学工程学的实践指南和标准，提高技术的水平和安全性；（4）提供专业培训和继续教育课程，提升医学物理学和医学工程学专业人员的技能和知识水平。

四、国际第四纪研究联合会

国际第四纪研究联合会（International Union for Quaternary Research，简称 INQUA）是一个专门研究地球最近 200 万年历史的地质时间段——第四纪的国际科技组织。该组织成立于 1928 年，成立该组织是为了更好地理解第四纪期间地球环境和气候的变化，并研究这些变化对人类社会和生态系统的影响。

该组织的使命是推动人们对第四纪科学的理解和应用，涉及气候变化、地质过程、生物多样性和人类演化等领域。为了实现这个目标，INQUA 设立了多个专门的科研委员会和工作组，包括气候历史与未来预测委员会、沉积学委员会、地震学委员会、海平面变化委员会、冰川学委员会和人类历史委员会等。

作为全球第四纪科学研究的主要平台，INQUA 已经积累了丰富的科研成果和经验。这些成果包括对地球气候历史的重建、对地质过程的理解、对生物多样性的研究，以及对人类演化和历史的探索。INQUA 为全球的科研人员提供了多种合作和交流的机会。该组织每 4 年举办一次国际大会，这是全球第四纪研究领域重要的学术会议之一。此外，INQUA 还经常组织各种研讨会、工作坊和学术访问活动，为科研人员提供了深入交流和学习的机会。

为了进一步促进第四纪研究的发展，INQUA 设立了多个研究项目。这些项目都是由科研人员自行申请，并经过专家评审后获得资助的。这些项目的主题涵盖了第四纪研究的各个方面，如地质构造、古气候、古生物、古环境、人类演化和考古学等。

此外，INQUA 还十分关注对青年科学家的培养。INQUA 为青年科学家提供了包括奖学金、研究基金和参会资助等多种支持。同时，INQUA 也为青年科学家提供了多种发展机会，如参与专业委员会的工作，参加科研项目，以及在国际大会上发表研究成果等。

五、国际科学史与科学哲学联盟

国际科学史与科学哲学联盟（International Union of History and Philosophy of Science and Technology，简称 IUHPST）成立于 1956 年，是一个全球性的学术组织，旨在促进科学史和科学哲学领域的研究、教育和合作。其成员来自不同国家的科学史学会、科学哲学学会和研究机构。

其目标包括：（1）促进科学史和科学哲学领域的研究和教育，推动学术界和社会之间的合作与交流；（2）推动对科学发展历史和科学思维方式的研究和理解，为科学教育和科学传播提供支持；（3）提供科学政策建议，为国际社会的决策者提供科学支持，推动科学与技术在社会发展中的应用；（4）培养新一代的科学史和科学哲学专业人才，提供教育和培训机会。

该组织结构包括大会、理事会和工作组。大会是最高决策机构，每 4 年召开 1 次。理事会通过选举产生，负责制定政策和管理组织事务。工作组负责特定领域的研究和发展。其成员分为国家会员和个人会员。国家会员由不同国家的科学史学会和科学哲学学会代表组成，代表其国家的科学史和科学哲学界利益。个人会员包括科学史和科学哲学领域的专业人士、研究人员和学生。

IUHPST 通过各种研究和教育活动推动科学史和科学哲学的发展与合作。各种活动包括：（1）组织国际科学史和科学哲学大会和专题研讨会，促进学术界和社会之间的学术交流和合作；（2）发起和支持国际合作研究项目，推动科学史和科学哲学的创新和应用，解决重大科学和技术问题；（3）出版学术期刊和会议论文集，促进科学史和科学哲学研究成果的传播和分享；(4) 提供科学史和科学哲学教育和培训课程，培养新一代的科学史和科学哲学专业人才。

六、国际电化学学会

国际电化学学会（International Society of Electrochemistry，简称 ISE）是一个致力于电化学科学和技术研究和推广的全球性专业组织。ISE 成立于 1949 年，总部位于瑞士，现已成为世界电化学领域重要的国际科技组织。

该组织的宗旨是通过教育、科研和交流活动，推动电化学的研究进展和应用发展，以解决人类面临的能源、环境和健康等问题。其成员主要包括电化学领域的科学家、工程师、教师和学生，来自全球各地的学术机构、研究组织和企业。

国际电化学学会的主要活动如下。(1) 通过科研项目和研究合作，推动电化学的基础研究和应用研究。其研究领域包括电化学理论、电化学方法、电化学材料、电化学能源、电化学环境、电化学生物学等。(2) 每年组织全球范围内的电化学大会，同时还会举办各种小型研讨会、工作坊和讲座等。这些活动提供了一个平台，让电化学家们可以分享研究成果、讨论新的理念和问题、建立研究合作。(3) 出版专业的电化学期刊《电化学学报》（*Electrochimica Acta*），并定期发布新闻资讯。此外，ISE 还经营一个在线平台，提供电化学方面的学术资源、新闻和信息。

国际电化学学会是推动全球电化学研究和应用的重要组织。通过其广泛的活动和服务，ISE 正在促进电化学的科学进步和技术创新，为解决全球能源、环境和健康问题提供科学支持。

七、国际晶体学联合会

国际晶体学联合会（International Union of Crystallography，简称 IUCr）是一个国际科技组织，其主要目标是促进晶体学的发展，增进国际科学合作，并协调对晶体学研究的支持和发展。

该组织成立于 1948 年，是全球晶体学领域的主导组织，会员来自全球各地的晶体学学会和协会。它致力于推动晶体学的研究和应用，包括晶体的结构和性质，以及晶体学在物理学、化学、生物学、地球科学和材料科学等领域的应用。

IUCr 的活动如下。(1) 每 3 年组织 1 次国际晶体学大会，这是全球晶体学领域最重要的学术活动之一。此外，IUCr 还支持各种地方性和专题性的晶体学会议。(2) 维护一系列的数据库和软件，包括晶体结构数据库、晶体学名词数据库和晶体学软件库等，这些资源为晶体学研究提供了重要的支持。(3) 举办研讨会、工作坊和夏令营等活动，以及提供教育资源，来提高晶体学家的专业技能。

八、国际无线电科学联盟

国际无线电科学联盟（International Union of Radio Science，简称 URSI）是一个全球性的科技组织，于 1919 年成立。该组织的主要目标是通过推动和协调全球各地的研究工作，鼓励无线电和相关领域的科学研究，进一步推动科技的发展。

该组织的成员来自全球各地的无线电科学领域，包括大学和研究机构的科研人员、工程师和教师，以及来自工业界的研究和开发人员。该组织为他们提供了一个共享知识、交流经验、合作研究和发展职业的平台。

联盟由专业委员会组成，每个委员会都负责不同的科学领域。这些科学领域包括电磁波的基础理论、无线电通信和信号处理、电磁环境和干扰、波的传播、电离层电磁现象、等离子体动力学、无线电天文学及地球和大气电磁学等领域。这些委员会的成员都是在相关专业领域内有着显著成就的专家。

联盟的主要活动包括：(1) 每 3 年举办 1 次全球科学大会，这个大会聚集了全球无线电和电磁领域的专家，他们在这里分享最新的科研成果，讨论行业的前沿问题和挑战，以及未来的研究方向；(2) 定期在全球各地举办各种专题研讨会和会议，为科研人员和工程师提供一个交流的平台；(3) 出版各种学术刊物和技术报告，赞助和承办各种教育和培训活动，以及提供各种科研奖励和奖学金。这些活动不仅促进了无线电科学的研究和发展，也培养了新一代的科研人员和工程师。

九、国际光学委员会

国际光学委员会（International Commission for Optics，简称 ICO）是一个全球性的科技组织，专注于光学和光子学的研究和教育。该组织成立于 1947 年，其主要目标是促进光学和光子学的国际合作，推动这个领域的科研、教育和应用的发展。

该组织由多个国家和地区的会员组织构成，这些会员组织代表了他们所在地的光学和光子学社区。其会员来自全球各地，包括科研人员、教师、工程师和企业家等，他们在光学和光子学的各个领域有着广泛的专业知识和经验。

该组织的主要活动包括：(1) 每3年举办1次国际光学大会，这里聚集了全球光学和光子学领域的专家，他们在这里分享最新的研究成果，讨论行业的前沿问题和挑战，以及未来的研究方向；(2) 通过其会员组织在全球各地举办各种专题研讨会和会议，为科研人员和工程师提供一个交流和合作的平台；(3) 出版各种学术刊物，提供各种科研奖励和奖学金，以及承办和赞助各种教育和培训活动。这些活动不仅促进了光学和光子学的研究和发展，还培养了新一代的科研人员和工程师。

十、国际矿物学协会

国际矿物学协会（International Mineralogical Association，简称IMA）是全球矿物学领域的主要科技组织。它是由各国矿物学、岩石学、地球化学等学科的研究机构组成的非政府、非营利的国际学术组织，其宗旨是通过推动矿物学研究和应用，增进人类对地球内部的理解。

该组织成立于1958年，总部设在法国蒙彼利埃。该组织的成员来自全球各地，包括科学家、研究员、教师、学生，以及在地质勘探、矿产开发和环境保护等领域工作的专业人员。

该组织的主要活动如下。(1) 每4年举办1次国际矿物学大会，这是全球矿物学领域重要的学术会议，吸引了世界各地的矿物学家和相关领域的专家学者参加。(2) 定期举办其他学术会议和研讨会，为矿物学家提供了一个分享最新研究成果、讨论科学问题和建立合作关系的平台。(3) 出版学术刊物，提供科研奖励和奖学金，以及推动矿物学教育和科普活动。它的刊物 *Elements* 和 *European Journal of Mineralogy* 是矿物学领域的重要学术期刊。它还为在矿物学领域中做出重要贡献的科学家颁发各种奖项。(4) 参与全球科学政策的制定，特别是关于地质和矿物资源的政策。它还与联合国教科文组织和其他国际组织合作，推动矿物学在解决全球问题（如气候变化、能源安全和环境保护问题）等方面的应用。

十一、国际声学委员会

国际声学委员会（International Commission for Acoustics，简称 ICA）是一个全球性的科技组织，致力于推动声学领域的国际合作、科研、教育和应用的发展。该组织成立于 1951 年，目前由全球各地的声学研究者、工程师和教师等组成，其会员分布在声学领域的各个子领域（如物理声学、工程声学、生物声学、音乐声学等）中。

该组织主要目标是促进全球声学领域的科研和技术交流，提高公众对声学的理解和应用，以及推动声学教育和职业发展。

该组织的主要工作包括：（1）每 3 年举办 1 次国际声学大会，该会议是全球声学领域重要的学术会议，吸引来自全球的科研人员、工程师、教师和学生参加；（2）支持其会员组织在各地举办各种专题会议和活动；（3）通过官方网站提供丰富的声学资源，包括学术论文、教育材料、职业发展指南、声学软件和数据库等；（4）出版各种声学教材和手册，为声学研究和教育提供宝贵的参考资料；（5）参与全球科学政策的制定，特别是关于声学和噪声控制的政策。它还与联合国教科文组织和其他国际组织合作，推动声学在解决全球问题（如环境保护、健康和安全、能源和交通问题）等方面的应用。

十二、国际细胞生物学联盟

国际细胞生物学联盟（International Federation for Cell Biology，简称 IFCB）是一个全球性的科技组织，致力于促进细胞生物学的研究、教育和应用。该组织成立于 1972 年，由全球各地的国家和地区的细胞生物学协会组成，其会员涵盖了细胞生物学的各个领域（包括细胞结构、细胞功能、细胞信号、细胞发育、细胞疾病等）。

该组织的主要目标是促进全球细胞生物学的科研交流和合作，推动细胞生物学的教育和应用，以及提高公众对细胞生物学的理解。

组织的主要活动包括：（1）每 3 年举办 1 次国际细胞生物学大会，该会议是全球细胞生物学领域中重要的学术会议；（2）支持其会员组织在各地举办的各种专题会议和活动；（3）在官方网站上提供丰富的细胞生物学资源，包括学术论文、教育材料、职业发展指南、细胞生物学软件和数据库等；（4）出版《国际细胞生物学》等学术期刊，为全球细胞生物学社区提供一个分享研究成果、讨论科学问题和建立合作关系的平台。

十三、国际宇航联合会

国际宇航联合会（International Astronautical Federation，简称 IAF）是一个全球性的科技组织，成立于 1951 年，致力于推动全球的空间探索和发展。其会员包括各国的航天机构、公司、研究机构、学术组织，以及从事航天研究和教育的个人。该组织的宗旨是为全球的航天社区提供一个交流合作的平台，以推动空间科学和技术的发展。

该组织的主要活动如下。（1）每年举办 1 次国际宇航大会（International Astronautical Congress，简称 IAC）。这是全球航天领域非常重要的学术会议，吸引了来自世界各地的航天科学家、工程师、政策制定者、企业家和学生参加。（2）通过组织下属的专业委员会，处理全球各种航天相关的问题（如空间探测、空间科学、空间技术、空间应用、空间教育和外空法等）。（3）设立一系列的奖项，表彰在航天领域中做出杰出贡献的个人和组织。其中最知名的是由 IAF、联合国外层空间事务办公室和国际宇航科学院共同颁发的杰出服务金奖，这是全球航天领域最高的荣誉。（4）创建了全球学生大使计划和全球青年研讨会，以激发年轻人对航天的兴趣和热情，培养未来的航天人才。

十四、电气与电子工程师协会

电气与电子工程师协会（Institute of Electrical and Electronics Engineers，简称 IEEE）是全球专业技术组织，它的使命是推动电气和电子工程、计算机科学和信息技术等相关领域的技术创新、应用和教育。该组织成立于 1963 年，由美国电气工程师协会（AIEE）和无线电工程师协会（IRE）合并而成，目前拥有超过 40 万的全球会员，分布在 160 多个国家和地区。

协会的主要活动如下。（1）发布技术标准、出版学术期刊、组织会议、提供教育资源、支持专业发展、以及参与公共政策的制定。当前该协会已经发布了超过 1300 个技术标准，涵盖了从电力和能源、通信和信息技术、生物医学和卫生保健到交通和航空航天等多个领域。这些标准在全球范围内被广泛应用，对于推动技术的发展和保证产品和服务的质量起着重要的作用。（2）出版了 170 多份学术期刊，这些期刊发布了大量的原创研究论文，对于推动电气和电子工程、计算机科学和信息技术等领域的科学研究起着关键的作用。（3）每年支持和赞助

1700 多个国际会议，包括 IEEE 全球通信大会、IEEE 国际固态电路会议、IEEE 国际电力电子大会等。(4) 提供各种教育资源，包括在线课程、学术讲座、教育工作坊、职业发展指导等，以支持会员的专业发展和终身学习。(5) 设立各种奖励和奖学金，以表彰在相关领域内做出杰出贡献的科研人员和鼓励年轻的科研人才。

十五、国际运筹学会联合会

国际运筹学会联合会（International Federation of Operational Research Societies，简称 IFORS）是一个全球性科技组织，致力于推动运筹学方面的研究、教育和应用。该联合会成立于 1959 年，其会员包括全球各地的国家和地区的运筹学协会，涵盖了运筹学的各个领域（包括决策理论、队列论、优化理论、模拟和统计分析等）。

该组织的主要目标是促进全球运筹学的科研交流和合作，推动运筹学的教育和应用，以及提高公众对运筹学的理解和认识。

联合会的主要活动包括：(1) 每 3 年举办 1 次国际运筹学大会，该会议是全球运筹学领域最重要的学术会议，吸引了全球的科研人员、教师、学生和从业者等参加；(2) 支持其会员组织在各地举办各种专题会议和活动；(3) 提供丰富的运筹学资源，包括学术论文、教育材料、职业发展指南、运筹学软件和数据库等；(4) 出版《国际运筹学文摘》（*International Abstracts in Operations Research*）等学术期刊，为全球运筹学社区提供一个分享研究成果、讨论科学问题和建立合作关系的平台。

十六、国际冻土学会

国际冻土学会（International Permafrost Association，简称 IPA）是一个专门研究冻土科学和工程的全球性组织。该组织致力于在全球范围内推进冻土科学方面的研究，增进冻土研究者之间的交流，以及推动冻土科学在实践中的应用。冻土指的是在 0 ℃以下温度条件下长期冻结的土壤和岩石。

该组织成立于 1983 年，其成员主要来自全球各地的科研机构、大学、政府部门及工程行业。这些成员中有很多是冻土科学领域的顶尖专家和研究者。

该组织的主要活动如下。(1) 举办国际冻土大会，国际冻土大会是学会重要的活动之一，这是一个每四年举办一次的国际性学术会议，吸引了全世界的冻土科学家来交流研究成果、分享经验并讨论未来的研究方向。(2) 支持冻土研究项目，这些项目主要针对冻土环境中的关键科学问题（如永久冻土的热稳定性、冻土环境的生态系统动态、冻土环境的气候反馈机制等）。这些项目有助于增进我们对冻土环境的理解，以及提高我们在冻土环境中进行可持续发展的能力。(3) 发布冻土研究相关的科研成果及进行科普教育等。

十七、亚太空间合作组织

亚太空间合作组织（Asia-Pacific Space Cooperation Organization，简称 APSCO）是一个由亚太地区的多个国家共同参与和创建的政府间国际组织。该组织的目标是通过共享资源和相互合作，来推动成员国的空间科学和技术的发展，以及为区域内和全球的可持续发展提供支持。

该组织成立于 2005 年，总部设于中国北京。其成员国包括中国、巴基斯坦、泰国、蒙古、伊朗、孟加拉国、秘鲁和印度尼西亚等国。每个成员国都在组织的管理、决策和活动中有参与权。

该组织的主要活动包括：(1) 定期举办亚太空间技术应用多边合作会议；(2) 协调和支持空间科研项目和空间技术的开发和应用、空间数据和信息的共享；(3) 为成员国提供协调和合作进行研究的平台；(4) 推动成员国共享和利用空间技术，以解决地球观测、环境保护、灾害管理、通信和导航等实际问题；(5) 与各国合作，提供一系列的课程、研讨会和实习项目，以培养空间科学和技术方面的专业人才和未来领导者。

十八、亚太工程组织联合会

亚太工程组织联合会（Federation of Engineering Institutions of Asia and Pacific，简称 FEIAP）是一个致力于提升亚太地区工程领域质量和标准的国际性科技组织。该组织旨在通过协调和推进成员国之间的技术交流和合作，促进工程技术的发展，提高工程教育和实践的质量。

联合会成立于 1969 年，总部设在马来西亚。其成员包括亚太地区的许多国家和地区的工程协会和学会，涵盖了各个工程学科（如土木工程、电子工程、化学工程、机械工程等）。

该组织的主要活动如下。(1) 举办各种国际会议、研讨会和讲座，以促进成员国之间的知识和经验交流。(2) 提供和推广工程教育和培训项目，以提高工程教育和实践的质量。（3）推动工程技术的研究和应用，以解决实际问题。（4）制定和推广工程质量和标准，以提高工程项目的质量和效率。（5）颁发工程教育认证。这是一个对工程教育项目的质量进行评估和认证的过程，旨在确保工程教育项目达到国际通认的标准和质量。FEIAP 的工程教育认证被广泛接受和认可，对于提高工程教育的质量和声誉，以及促进工程教育的国际交流和合作，起到了重要的作用。（6）设立了各种奖项，以表彰在工程领域内做出杰出贡献的个人和组织。这些奖项包括了工程领域的各个方面，如科研、教育、实践、领导和创新等。

参考文献

[1] 熊李力．专业性国际组织与当代中国外交：基于全球治理的分析［M］．北京：世界知识出版社，2010.

[2] 牛仲君．国际公务员制度［M］．北京：北京大学出版社，2015.

[3] 中国科学技术情报研究所．国际科学组织简介［M］．北京：科学技术文献出版社，1975.

[4] 张丽华．国际三大知名科技组织规则与运行机制［M］．长春：吉林大学出版社，2018.

[5]《国际组织》编写组．国际组织［M］.2 版．北京：高等教育出版社，2018.

[6] 张民选等．国际组织人才培养与选送［M］．上海：上海教育出版社，2022.

[7] 于永达．国际组织［M］.2 版．北京：清华大学出版社，2011.

[8] 赵刚．科技外交的理论与实践［M］．北京：时事出版社，2007.

[9] 封智勇等．职业素养［M］．福州：福建人民出版社，2014.

[10] 宋允孚．国际公务员与国际组织任职［M］.2 版．北京：中国人民大学出版社，2023.

[11] 国际科技组织调查与分析项目组．国际科技组织概览［M］．北京：科学出版社，2023.

[12] 闫月勤等．重要国际科技组织概览［M］．成都：西南交通大学出版祛，2023.

[13] 张学玲．共商共建共享全球治理观视域下亚投行投资规则创新研究［D］．武汉：华中科技大学，2021.

[14] 葛晓萍．冷战后美国与联合国关系研究［D］．青岛：青岛大学，2009.

[15] 许静婷．教科书国际对话的演变与趋势研究［D］．荆州：长江大学，2020.

[16] 陈修文．国际组织的政治化［D］．南京：南京大学，2020.

[17] 李茜．语言管理理论维度下驻华国际组织中文使用的影响因素研究［D］．北京：北京外国语大学，2017.

[18] 陈诗豪．英国高校“全球胜任力”培养研究［D］．上海：上海师范大学，2020.

[19] 潘秀秀．中国一流大学建设高校本科生国际交流项目需求与院校支持研究［D］．无锡：江南大学，2020.